粮食
加工及其制品知识问答

主　编　佟立涛　刘丽娅

副主编　王丽丽　仇菊　周闲容

中国农业出版社
北京

内容简介

　　本书结合当前我国乃至世界粮食加工及食品制造业产业发展态势，立足传统与现代粮食加工与食品制造的基本理念，粮食及其制品在人类食物结构中的地位与营养健康功能，粮食加工传统产品与技术，新型、特色粮食制品与加工技术及装备，产品的质量安全等产业发展实情以及存在的问题给予专业解答，对于一般专业或技术人员、普通消费者快速掌握和了解粮食加工业与粮食制品制造业相关知识可发挥积极作用，希望有助于指导粮食加工与制造行业的科学生产与消费。

目 录

CONTENTS

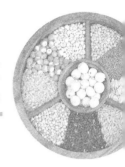

目　录

五、粮食及其制品质量安全问答

一、 基础知识问答

1. 我国俗称的"五谷"具体指哪些粮食作物?

"谷(穀)"原指有壳的粮食。我国关于"五谷"的概念,古代有多种不同的说法,能够考证的解释最早源于汉朝。一种说法是稻、黍(shǔ)、稷(jì)、麦、菽(shū);另一种说法是麻、黍、稷、麦、菽(李保定,2005)。据《本草纲目》记载,黍与稷在古代以黏性为区别,黏者为黍、不黏者为稷,而菽指豆类。前者有稻无麻,后者有麻无稻。将两种说法结合起来,就得出了稻、黍、稷、麦、菽、麻六种作物。麻籽虽可供食用,但是主要是用它的茎秆纤维来织布故不再将其列入谷物行列。随着经济社会的发展,如今我们通常所说的五谷则是指稻谷、麦子、大豆、玉米、薯类等富含淀粉质的粮食作物。同时,人们也习惯将米和面粉以外的粮食称作杂粮,而五谷杂粮也泛指粮食作物,所以五谷也是粮食作物的统称。

2. 粮食与谷物在概念与内涵上是否存在不同?

粮食包括谷物类、豆类和薯类三大类,品种多达数百种。2015年我国粮食总产量62 143万吨,其中谷物产量57 225万吨,占粮食总产量的92.1%,可见粮食中绝大部分是谷物。

谷物包括米类和麦类两种。米类主要有水稻、玉米、高粱、粟（谷子、小米）、黍（糜子）等；麦类有小麦、大麦、青稞（元麦）、黑麦、燕麦等。我国最主要的谷物是小麦、水稻、玉米三大品种，其产量约占粮食总产量的 2/3。谷物通过加工成主食，为人类提供了 $50\%\sim80\%$ 的热能、$40\%\sim70\%$ 的蛋白质、60% 以上的维生素 B_1。谷物因种类、品种、产地、生长条件和加工方法的不同，其营养素含量有很大的差别。

粮食中的豆类泛指所有能产生豆荚的豆科植物。我国广为栽培的豆类作物主要包括大豆、小豆（红豆）、蚕豆、绿豆、豌豆、黑豆等 20 余种。根据营养素种类和数量可将它们分为两大类。一类以大豆为代表的高蛋白质、高脂肪豆类；另一类则以碳水化合物含量高为特征，如绿豆、赤豆、鲜豆及豆制品，不但可做菜肴，而且还可以作为调味品的原料。

薯类作物又称为根茎类作物，主要指具有可供食用块根或地下茎的一类陆生作物，是我国粮食作物的重要组成部分，也是蔬菜、饲料和工业的加工原料和功能性食品的作物原料。我国薯类作物年种植面积超过 1.8 亿亩①，主要种类包括番薯（红薯、甘薯）、木薯、马铃薯、薯蓣（山药）、脚板薯等。其中，主要薯类作物马铃薯、甘薯的种植面积和总产量均居世界第一位。

3. 传统概念中的粗粮、杂粮与一般粮食有何区别？

粗粮通常指除了大米和小麦以外的各种谷物、食用豆类及薯类等。主要包括杂粮（玉米、小米、黑米、红米、紫米、大麦、燕麦、荞麦、高粱等）、杂豆类（黄豆、绿豆、黑豆、红豆、豌豆、蚕豆等），以及块茎类（红薯、山药、马铃薯等）。粗粮也指相对精米白面等一般粮食而言的。与精米白面相比，粗粮在加工过程中保留了种皮，口感一般较粗糙，但富含各种营养成分，尤

① 亩为非法定计量单位，1 亩≈1/15 公顷——编者注。

其是膳食纤维、维生素 B_1 及无机盐等，是人们平衡膳食的重要食物种类。

杂粮通常是指水稻、小麦、玉米、大豆和薯类五大作物以外的粮豆作物。主要包括荞麦（乌麦、三角麦）、燕麦、谷子、高粱、花生、大麦、糜子、黍子、薏仁、籽粒苋以及小豆（红小豆、赤豆）、菜豆（芸豆）、小扁豆（兵豆）、蚕豆、豌豆、豇豆、绿豆、黑豆等。杂粮的特点是种类多、生长期短、种植面积小、地区适应性强。杂粮的营养价值高，具有较好的保健功能，可作为药食同源的重要食品资源。

4. 世界公认的全谷物标准是怎样的？

全谷物是指谷物加工过程中脱去不利于食用的谷壳，并完全保留天然营养成分的完整籽粒。全谷物包含糊粉层、亚糊粉层、胚芽及胚乳，各层均有其无可替代的营养物质。全谷物不仅含有多种矿物元素（铁、锰、锌、钙、硒等），而且还含有丰富的膳食纤维、脂肪酸、植酸、植物固醇等。因此，食用全谷物食物有助于降低肥胖症、心脑血管、胃肠道等疾病的发病风险。与全谷物相对的是过度加工的谷物，该类谷物加工过程中皮层和胚芽损失严重，营养成分流失较为严重。

目前国内外对全谷物及其制品的概念缺少统一的定义。美国谷物化学家协会（AACC）于 1999 年定义全谷物（Whole grain）为：完整、碾碎、破碎或压片的颖果，基本组成包括淀粉质胚乳、胚芽与麸皮，各组成部分的相对比例与完整颖果一样。美国食品药品监督管理局（FDA）在此定义上进一步明确了全谷物的种类范围，将豆类、油料和薯类排除在外。欧盟健康谷物协会则通过明确定量的方式使其更具有生产指导意义例如将标准设定为 98％ 的谷物保留率和 90％ 的麸皮保留率。值得注意的是，谷物种皮中可能存在重金属、农药残留等有毒有害物质，因此，常通过轻度碾磨去除外层的麸皮、壳子从而为消费者提供安全的饮食。

根据国际上对全谷物的定义以及我国的实际情况，我国制定了全麦粉标准（LS/T 3244—2015），标准中将全麦粉定义为"以整粒小麦为原料，经制粉工艺制成的，且小麦胚乳、胚芽与麸皮的相对比例与天然颖果基本一致的小麦粉"。但目前我国尚未推出其他全谷物及其全谷物食品的标准。

5. 我国主产的优势粮食作物主要有哪些?

我国是粮食生产大国，粮食种类繁多，其中优势粮食作物主要包括水稻、玉米和小麦。水稻在我国粮食作物中居首位，是我国最主要的粮食作物。7 000 年前我国长江流域就已经开始种植水稻。我国稻谷约占世界稻谷总产量的近 40%，在世界各产稻国家中居第一位（袁隆平，2015）。我国夏季南北普遍高温，雨热同季，因而除部分高寒山区和缺水的干旱地区以外，水稻普遍分布在全国各个区域生产。

玉米是我国的三大主粮作物之一，产量仅次于水稻和小麦，居全球玉米产量第二位。作为高产量粮食，玉米在我国种植区域广泛，主要分布在东北地区、华北地区和西南地区，其中以吉林、山东、河北、辽宁、四川产量最多。山东、吉林、黑龙江、河北等地主要将玉米用作为工业原料，而河南、河北、安徽、四川、云南、广西等地主要将玉米用于饲用（杨慧莲，2017）。

小麦适应性较强，具有一定程度的耐旱性，是主要旱地粮食作物之一。我国是世界上主要小麦生产国之一。小麦可分为春小麦和冬小麦两大类，我国以冬小麦分布面积最大，占小麦播种面积的 80% 以上。冬小麦在长城以南、青藏高原以东地区种植广泛，春小麦分布以长城以北及青藏高原以北地区为主，其中东北的松嫩平原和三江平原，是春小麦的主产区。

6. 我国传统的优势杂粮作物主要有哪些?

我国传统的优势杂粮作物主要包括荞麦、高粱、糜子、燕麦、谷子。

荞麦主要生长在自然条件恶劣、土质养分匮乏的青藏高原等西南地区。荞麦营养丰富,且富含黄酮、多酚、糖醇和D-手性肌醇等高活性功能成分,不仅可作为为人体提供能量的谷物,而且还是药食同源的珍贵杂粮资源。

高粱通常对自然环境、土壤条件等无苛刻的要求,具有较强的环境适应性。在我国北方等地区高粱常被作为主食食用,同时也被作为酿酒的原料,以高粱酿制的八大名酒尤为出名。此外,高粱还可用于生产饲料、乙醇及糖等。

糜子主要生长在我国北方干旱、半干旱地区,其生长周期短、耐贫瘠,在特定的生长区域内能够发挥其独特的生长优势。糜子作为黄米及其制品的重要原料来源,其营养成分普遍高于小麦、大米,尤其是籽粒中的蛋白质、脂肪、维生素、矿物质元素。此外,糜子同样可以作为酿酒及特色小吃的原料。

燕麦在我国具有悠久的种植和食用史,种植区域广泛分布在华北地区和西北地区。我国以种植裸燕麦为主。与小麦、大米等常见粮食作物相比,燕麦所含营养更为丰富,因其籽粒中含有丰富优质的蛋白质、脂肪、维生素、矿物元素、纤维素,被公认为理想的健康谷物原料。

谷子是我国的特色粮食作物,主要种植于我国黄河中上游地区,其他地区也有少量栽种。谷子营养价值为禾谷类作物之首,有一定的保健作用。同时谷子富含可食用粗纤维,其含量较大米高出4倍。

7. 稻谷基本品质指标主要包括哪些内容？

　　根据稻谷国家标准（GB 1350—2009），稻谷基本品质指标主要有出糙率、不完善粒、整精米率、杂质含量、水分含量、黄粒米含量、谷外糙米含量、互混率、色泽、气味等。出糙率是指净稻谷脱壳后的糙米占试样的质量分数，其中不完善粒折半计算；不完善粒是指未成熟或受到损伤但尚有使用价值的稻谷颗粒，包括未熟粒、虫蚀粒、病斑粒、生芽粒和生霉粒；整精米率是指糙米碾磨加工精度为国家标准三级大米时，长度达到试样完整米粒平均长度 3/4 及以上的米粒；杂质是指除稻谷粒以外的其他物质，包括筛下物、泥土、砂石、砖瓦块等无机杂质和无使用价值的稻谷粒、异种粮粒等有机杂质；黄粒米是指胚乳呈黄色，与正常米粒色泽明显不同的颗粒；谷外糙米是指混在稻谷中的糙米粒。

8. 小麦的分类和基本品质指标一般包括哪些内容？

　　根据小麦国家标准（GB 1351—2008），小麦按栽培季节分为春小麦和冬小麦。按籽粒硬度分为硬质小麦和软质小麦，硬质小麦以春小麦居多，其截面是呈半透明，蛋白质含量较高；软质小麦截面呈粉状，质地疏松。按籽粒表面颜色，可将小麦分为红皮小麦和白皮小麦。

　　小麦基本品质指标包括容重、不完善粒、杂质、水分、气味、色泽等。容重是指小麦籽粒在单位容积内的质量，以克每升（g/L）表示；不完善粒是指受到损伤但尚有使用价值的小麦颗粒，包括虫蚀粒、病斑粒、破损粒、生芽粒和生霉粒；杂质是指除小麦粒以外的其他物质，包括筛下物（通过直径 1.5 毫米圆孔筛的物质）、泥土、砂石、砖瓦块、煤渣等无机杂质和无使用价值的小麦粒、异种类粮粒等有机杂质。常见的无使用价值的小麦有霉变小麦、生芽粒中芽超过本颗粒长度的小麦、线虫病小麦、腥黑穗病小麦等。

9. 我国粮食加工与制造业包括哪些范畴?

我国粮食加工与制造业主要包括谷物磨制、饲料加工、酒类制造、焙烤食品制造、调味品制造、发酵制品制造、方便食品制造以及其他农副食品制造。据统计,2015年全国规模以上粮食加工与制造企业17 459家,主营业务收入44 338.7亿元,其中谷物磨制(13 403.4亿元)、饲料加工(11 052.8亿元)和酒类制造(8 437.8亿元)位列前三,占比分别达到30.2%、24.9%和19.0%,调味品、焙烤食品加工业增长最快,同比增速分别达到30.4%、18.1%(周素梅等,2015)。

10. 我国传统粮食加工制品主要有哪些?

我国传统粮食加工制品主要有馒头、面条、饺子、米粉等日常主食,以及年糕、汤圆、元宵、粽子、月饼等特色节令食品。

馒头是我国传统的发酵蒸制面制品,根据地域可划分为北方馒头和南方馒头,馒头在北方居民主食占有主导地位。通常北方馒头具有质地均匀、有弹性、嚼劲强、爽口不粘牙的特点,而南方馒头质地暄软、富有弹性。

面条根据原料分为小麦面条、杂粮面条以及添加蔬菜等原料的花色面条3类;根据加工工艺分为经碾压制成的切面、经挤压制成的饸饹面、经手工揉搓拉制的拉条子、兰州拉面、扯面、揪面以及直接切削的刀削面等。

饺子是我国传统面食之一。在我国北方大部分地区饺子是每年春节必吃的节日食品,在许多省份也有冬至节吃饺子的习惯。

米粉是以非糯性大米为原料，经磨粉、蒸煮、成型、冷却等工艺制成的产品，一般为长条状。米粉根据成型工艺主要分为切粉和榨粉；一些影响较大的以地名命名的米粉有桂林米粉、沙河粉、宾阳酸粉等；按烹饪方式命名的米粉有汤粉、炒粉、干捞粉、方便米粉等；按外形命名的米粉有扁粉、圆粉、肠粉、波纹米粉、银丝粉、米线；按配料命名的米粉有螺蛳粉、猪脚粉等（李里特等，2000）。

年糕是我国南方传统的节令性食品，蕴含着"年年高"的吉祥寓意。它是采用黏性大的糯米、黄米等原料蒸制而成的食品。年糕的种类很多，具有代表性的有北方的白糕、塞北农家的黄米糕、江南水乡的水磨年糕、台湾的红龟粿等。北方年糕有蒸、炸两种做法；南方年糕的做法除蒸、炸外，还有片炒和汤煮等。

在我国有北方吃元宵、南方吃汤圆的习俗。元宵和汤圆二者虽然都以糯米为原料，但制作方法和口感差异很大。元宵一般只用素的固体甜馅料，将其切成小块，蘸水后在糯米粉中反复滚圆至合适大小，表面发干。汤圆馅料有荤有素，制作时先把糯米粉和成面团，像包饺子一样用面团将馅包入后再揉圆，因此汤圆的口感比元宵的更加细腻爽滑。

粽子是由粽叶包裹糯米经过蒸制制成的食品，是我国历史文化积淀最深厚的传统食品之一。粽子最早作为祭祀祖先和神灵的食物，到晋代时发展成为端午节的节日食品。

月饼是我国中秋节传统食品，是中秋节节令食品。月饼多以圆形为主，象征着团圆和睦。月饼文化与我国各地饮食习俗不断融合发展，形成广式、京式、苏式、潮式、滇式等不同类型的产品，被中国各地的人所喜爱。

11. 我国与西方主要国家的主食制品有何异同？

我国地域辽阔，南北方对于主食制品的选择及喜好呈现出明显的地域差异。我国南方地区主食以水稻为主，水稻成熟后加工成的米是典型的粮食加工制品。此外，米还能被磨成米粉，以水调和制作出肠粉、河粉等米制食品；而我国西部、北部和中部地区盛产小麦，因此主要以馒头和面条等面制品作为主食食品。在西方主要国家，面包是其一日三餐的主食，并以面包为基础衍生出来多种形式的食品，如比萨、汉堡、三明治等。

虽然面包和馒头均为发酵面制品，但二者在制作方式上存在较大差异。在熟化方式上，馒头采用蒸制方法，而面包采用烘烤方法。前者需要在密封空间中进行，而后者在暴露的条件下就可进行。二者在制作方式上的差异，也在一定程度上反映出中西方文明形态的差异性。中国自古以来就是农业大国，农耕文明下的生活需要更为固定的住宿场所及生活容器，因此我国较早地出现了密封器具。而西欧自古多征战，需要食物能够满足战时所需的便携性和及时性。由于制作面包不需要密封器具，并且其热量较蒸煮食物大得多，能满足他们的生存需要。

12. 国内外粮食加工业发展有什么新的趋势？

随着经济发展和人民生活水平不断提高，吃饱已经不是我国粮食加工业发展的主要目标。吃得健康、环境友好、减少浪费是目前国内外粮食加工业发展的大势所趋，具体表现：

倡导"营养健康消费"和"适度加工"。粮食是人类不可或缺的重要食物，也是食品制造行业的基础原料，粮食安全与质量关乎人民群众的生命财产安全。在保证粮油产品安全的前提下，"优质、营养、健康、方便"逐渐成为粮食加工业未来的发展方向。粮食加工工业将继续提倡"适度加工"的理念，提高产品纯度、控制产品精度、提升产品出品率，最大程度降低固有营养成分的损失。

节能减排，实行清洁生产。随着整个世界环境压力增大，粮食加工业应该将节能减排的重点转向节能降耗、减少"四废"（废油、废液、废气、废水）的产生及排放，并遵循新型经济理念——循环经济理念，对粮食原料进行深度加工和利用，同时注重副产品的二次利用，实现真正的零排放。

重视资源的综合利用。粮食资源在加工成大米、面粉等产品时，产生了大量宝贵的副产物，如稻壳、米糠、碎米、麦麸、胚芽、饼粕、皮壳等。未来粮食加工业发展的趋势要重点关注对以上资源的充分利用，如利用米糠和玉米胚制油；利用稻壳、皮壳作为发电供暖的新能源；深度开发和利用碎米、胚芽及麸皮等副产物等，实现"吃干榨尽"的目标。

二、 粮食及其制品营养知识问答

1. 粮食可为人类提供哪些营养和功能物质?

　　谷物类、豆类和薯类三大类粮食作物可为人类提供不同的营养物质和功能物质。如谷物类和薯类富含淀粉,可为人类提供生理活动所必需的能量物质;豆类一般可以提供优质蛋白和油脂;薯类可以提供糖分和膳食纤维。

　　谷物又分为米类和麦类两种,米类主要有大米、小米、玉米等;麦类有小麦、燕麦、荞麦、大麦等。

　　大米除含有基本的蛋白质、脂肪、淀粉外,还富含维生素 B_1;黑米富含 B 族维生素、维生素 E、钙、磷、钾、镁、铁、锌等营养元素;小米富含维生素 B_1、维生素 B_2;玉米富含维生素 A、维生素 B_1、维生素 B_2,黄色糯玉米还含有稻麦等缺乏的胡萝卜素。

　　小麦除基本的淀粉、蛋白质、脂肪外,还富含钙、铁、维生素 B_1、维生素 B_2、维生素 B_3 及维生素 A 等;燕麦富含 β-葡聚糖、磷、铁、钙等矿物元素和亚油酸,维生素 B_1、维生素 B_2、维生素 E、叶酸等;荞麦含有丰富的芦丁、黄酮、赖氨酸、铁、锰、锌等;大麦富含膳食纤维以及多种维生素。

　　豆类除基本的淀粉、蛋白质、脂肪外,还含有特殊的营养成分和功能成分。例如青豆富含皂角苷、磷脂、蛋白质、蛋白酶抑制剂、异黄酮、钼、硒等抗癌成分；黑豆富含维生素，其中维生素 E 和 B 族维生素含量最高，含有 18 种氨基酸，特别是人体必需的 8 种氨基酸，含有 19 种油酸；绿豆富含维生素 B_1、维生素 B_2、胡萝卜素、菸硷酸、叶酸和一些矿物元素（如钙、磷、铁）等；豌豆中富含维生素 C 和能分解亚硝胺的酶。

薯类作物包括红薯、木薯、马铃薯、山药、脚板薯等。薯类含有除了维生素 B_{12} 以外的各种 B 族维生素，其维生素 C 含量和胡萝卜素的含量也是其他粮食作物所不能比拟的，是天然的抗氧化剂来源。薯类中的钾含量非常高，其在体内代谢后呈碱性，对于平衡食物的酸碱度具有重要作用。薯类中富含花青素、黄酮等多酚类化合物，具有预防各种生活方式疾病的功效。

2. 谷物蛋白与动物蛋白相比在营养或功能活性方面有何异同？

动物性蛋白质主要来源于肉、蛋、奶，其种类和结构更加接近人体的蛋白结构和数量，一般都含有人体必需的 8 种氨基酸，氨基酸评分为 0.9～1.0，能较好地被人体吸收利用，且钙、磷含量丰富。而谷物蛋白主要分为清蛋白、球蛋白、醇溶蛋白和谷蛋白四类。谷氨酸与脯氨酸的比例高，赖氨酸、蛋氨酸比例低，氨基酸评分为 0.3～0.5。因此动物蛋白比一般的植物性蛋白质更容易被人体消化、吸收和利用，营养价值也相对更高些。

食品中添加谷物蛋白，有利于改善食品的加工性能。例如面筋蛋白持水性很强，具有防止干燥、延缓制品老化、延长货架期等作用。荞麦蛋白和大豆蛋白用于乳化型肉产品中可以代替一部分肉的作用，改善体系热流变性和蒸煮特性。此外，植物蛋白水解所产生的肽类物质具有一定的生理活性，可在调节肠道健康、缓解疲劳、抗动脉硬化、辅助治疗肝硬化和肝性脑病等方面发挥积极作用。

3. 谷物中膳食纤维的功效及其来源有哪些?

2001 年 6 月 1 日,美国谷物化学协会将膳食纤维定义为:膳食纤维是指能抗人体小肠消化吸收而在人体大肠能部分或全部发酵的可食用的物质,即碳水化合物及其相类似物质的总和,包括细胞壁多糖、低聚糖、木质素等。流行病学研究表明,谷物膳食纤维对慢性代谢性疾病如肥胖、2 型糖尿病、心脑血管疾病以及结肠癌等具有预防作用。

谷物膳食纤维的主要组成成分是戊聚糖、β-葡聚糖和纤维素等细胞壁多糖物质。它们富集在籽粒的外皮层,因此谷物麸皮成为决定全谷物保健功能的关键部位。戊聚糖(pentosan)又称为阿拉伯木聚糖(arabinoxylans,AX),广泛存在于小麦、黑麦、大麦、燕麦、稻谷、高粱等多种谷物中,尤其在小麦和黑麦籽粒中含量最为丰富,含量可分别达到 7% 和 9%。谷物的非胚乳组织,尤其是果皮和种皮,具有较高的戊聚糖含量,如小麦果皮和种皮中戊聚糖含量达到 60% 以上;β-葡聚糖也是谷物中典型的膳食纤维,大麦、燕麦、青稞等谷物都含有丰富的 β-葡聚糖。

4. 全谷物中的抗氧化物质有哪些?

全谷物中抗氧化成分的含量很高,根据作用机理的差异可分为两大类,第一类是在体外具有自由基清除能力或还原能力的直接抗氧化成分;第二类是在体外无自由基清除能力或还原能力,但能明显提高人体体内抗氧化状态的间接抗氧化成分。

第一类抗氧化成分在全谷物中含量丰富,例如维生素 E、多酚、γ-谷维素、类胡萝卜素、植酸和烷基间苯二酚等。这些抗氧化成分除了具有清除自由基的能力外,还可以通过其他机制达到抗氧化作用。例如,多酚与金属离子发生螯合,减少金属离子对催化氧化作用；各种还原酶参与调节氧化还原反应中的相关酶类的活性，例如酪氨酸酶和黄嘌呤氧化酶等，调节谷胱甘肽代谢酶、谷胱甘肽（GSH）等内源性抗氧化剂合成或激活抗氧化酶系活性；维生素 E（生育三烯酚和生育酚）能预防自由基例如羟基自由基造成的细胞膜内的多种不饱和脂肪酸的氧化；类胡萝卜素可以通过淬灭单线态氧，从而抑制脂质氧化；γ-谷维素能降低胆固醇和脂质氧化的程度；烷基间苯二酚能通过调节生物膜含有脂质的氧化反应，起到抗氧化作用。

第二类抗氧化成分主要有微量元素与矿物质、甜菜碱、叶酸、含硫氨基酸和胆碱（半胱氨酸和蛋氨酸）。这类成分作为体内抗氧化剂的前体物质或成为体内抗氧化酶部分的辅酶因子，进入体内抗氧化防御系统。例如，甜菜碱作为同型半胱氨酸的甲基供体，将其转变成蛋氨酸，蛋氨酸在肝脏内合成半胱氨酸，再进一步合成内源抗氧化剂谷胱甘肽；胆碱作为甜菜碱合成的前体物质，参与体内抗氧化防御系统；硒作为构成人体内谷胱甘肽过氧化物酶（GSH-Px）活性中心的重要组成部分，可加快谷胱甘肽过氧化物酶对脂质过氧化物的分解，阻断脂质的过氧化反应，保护细胞遭受氧化损伤；铜、锌和锰对超氧化物歧化酶（SOD）的活性具有重要影响作用；铁影响过氧化氢酶（CAT）的活性。

5. 小麦的基本营养成分是怎样的？

小麦是我国主要粮食作物之一，含淀粉、蛋白质、脂肪、糖类、糊精、维生素 B_2、维生素 B_3、钙、磷、铁、卵磷脂等营养成分，具有较高的营养价值和食疗作用。小麦的粗蛋白质含量居谷物类首位，在 12% 以上，甚至可高达 14% 以上，但小麦的必需氨基酸含量尤其是赖氨酸含量不足；淀粉含量在其干物质中可达 75% 以上；粗脂肪含量低（1.7%～1.9%）；矿物质含量一般都高于其他谷物，磷、钾等含量较多，但半数以上的磷为植酸磷，生物有效性弱。

在小麦中，戊聚糖占整个籽粒的 $6\%\sim7\%$，β-葡聚糖仅占 0.5% 左右，它们都是具有黏性的非淀粉多糖，阻碍其他营养物质的消化、吸收和利用，但同时具有突出的降血脂、免疫与肠道益生等诸多生理功能。

6. 全麦粉在营养方面较普通面粉或精白粉有哪些优势？

小麦分为胚芽、胚乳及种皮三部分。整粒小麦中胚芽占 2.5%，胚乳占 85%，胚乳是面粉的主要成分。麸皮为小麦的外皮，包含胚芽及胚乳两部分，约占整粒小麦的 12.5%，在磨粉时经常被剔除。

一般所称的精白粉是指小麦去掉麸皮后生产出来的白色面粉，可用在面包、蛋糕、饼干等制品中，是一切烘焙食品的最基本的材料。全麦粉是用小麦全部组分研磨加工的面粉，包含小麦籽粒全部的营养物质。

相比于精白粉，全麦粉含有更丰富的膳食纤维，其含量为普通小麦粉的 5 倍以上，具有降低血糖、血脂、胆固醇及改善消化功能的作用，长期摄入全麦食品有助于减肥、缓解便秘、预防糖尿病、动脉硬化和癌症的发生。全麦粉中的其他营养成分，如微量元素、矿物质、维生素、必需氨基酸等也远高于普通面粉。例如全麦粉中维生素类含量是精白粉含量一倍以上，而铁、锰、钾、钠、锌、磷等矿物质含量均超出两倍以上。

7. 大米作为第一主粮可为人体提供哪些营养？

大米分为籼米、粳米和糯米，作为主粮食用的主要是籼米和粳米，糯米一般用于加工。籼米和粳米中含有 75% 左右的碳水化合物（主要是淀粉，为机体提供能量物质）、$7\%\sim8\%$ 的蛋白质、$1.3\%\sim1.8\%$ 的脂肪，并含有丰富的 B 族维生素等。

大米中的蛋白质主要是谷蛋白，其蛋白质的生物价和氨基酸的构成比例优于小麦、大麦、小米、玉米等禾谷类作物，消化率为 66.8%～83.1%，也是谷类蛋白质中较高的。大米蛋白质的赖氨酸含量高于其他谷物，组成配比合理，比较接近世界卫生组织认定的蛋白质氨基酸最佳配比模式，大米蛋白质的生物价（BV 值）为 77，蛋白质效用比率（PER 值）为 2.2（小麦为 1.5，玉米为 1.1）。大米含有丰富的 B 族维生素，能预防酒精肝。缺乏 B 族维生素会增加患肝脏疾病的风险。此外 B 族维生素还对我们的消化功能维持有着重要的作用。

糙米经过发芽后可产生 γ-氨基丁酸。γ-氨基丁酸是目前研究较为深入的一种重要的抑制性神经递质，它参与多种代谢活动，具有很高的生理活性。

谷维素是大米特有的功能活性成分，主要存在于米糠油及其油脚中，米糠层中谷维素的含量为 0.3%～0.5%。米糠在加温压榨时谷维素溶于油中，一般毛糠油中谷维素的含量为 2%～3%。谷维素具有改善神经功能和内分泌调节的功效，还具有抗氧化、抗衰老等多种生理作用。

8. 发芽糙米有什么特殊的营养成分或功能物质？

发芽糙米是以糙米为原料，经清洗、发芽、干燥后形成的产品。糙米在发芽过程中，由于内源酶的作用，部分蛋白质转化为肽和氨基酸，淀粉分解为糖类物质，使得糙米的风味、感官品质和营养价值得到提升。发芽糙米富含多种维生素（维生素 B_1、维生素 B_2、维生素 B_6、维生素 C、维生素 E）、矿物质（镁、钾、锌、铁）和膳食纤维等营养成分，同时，通过发芽可产生多种具有防治疾病和增强人体健康的成分，如抗氧化物质、肌醇六磷酸盐（IP-6）、谷胱甘肽（GSH）、γ-氨基丁酸等。

9. 为什么留胚米的营养价值好于普通大米？

留胚米是指碾磨过程中将大部分胚芽保留的大米。大米碾磨过程中，使稻谷里无食用价值的壳、种皮、果皮以及外胚乳等食用价值不大、且可能对人体有危害作用的保护层全部除尽，而使胚与糊粉层得以最大限度地留存。

大米胚芽中含有 22% 的谷胚蛋白，且必需氨基酸的组成良好，还含有 25% 的谷胚油脂，其中人体必需脂肪酸高达 80% 以上，此外还含有较多的维生素 B_1、维生素 B_2、维生素 E、γ-氨基丁酸、肌醇、谷胱甘肽和 N-去氢神经酰胺，还含有较丰富的磷、硫、钾、镁、硅、钙、锌、锰、铁、钠和铜等人体必需的常量元素和微量元素，也含少量的钼、镍、铬、硒等人体必需的微量元素。

长期食用留胚米，可以促进人体发育、维持皮肤营养、促进人体内胆固醇皂化、调节肝脏积蓄的脂肪、提高人体的免疫机能，对肠癌、便秘、痢疾、肥胖、糖尿病等均有一定的预防作用，因此留胚米实属天然强化米。

10. 蒸谷米与普通大米相比营养价值是否存在差异？

蒸谷米也叫半煮米或半熟米，是以籼稻或粳稻为原料，经清理、浸泡、蒸煮、干燥等水热处理，再按常规方法脱壳、碾磨而成的纯天然营养型大米。蒸谷米色黄如蜜、晶莹润泽、耐嚼适口、芳香甘甜、极富营养又可口。蒸谷米一般采用无公害、绿色、有机稻谷，确保农残、重金属等危害成分不浸入其中。稻谷在水热处理过程中，皮层和胚中含有丰富的 B 族维生素和无机盐等水溶性物质，大部分随水分渗透到胚乳内部，使白米中维生素、蛋白质、脂肪和矿物质含量高于普通大米。

无论是粳米还是籼米，制作成蒸谷米后，其微量元素含量均比一般白米高，其中钙、维生素 B_6、铁的含量高出 2～3 倍。有关试验和加工实践表明，每 50 千克籼米加工得到的蒸谷米与普通大米（精度相同）相比多出 0.75～1.25 千克，每 50 千克粳米多出 1.25～1.75 千克；整精米率提高 10％左右；米糠因经蒸煮后变成熟糠，出油率提高 3％～4％，维生素 B_1 和维生素 B_3 含量提高 1 倍多，钙、磷、铁的含量比同精度的普通大米也有不同程度的提高。

11. 食用过度加工的粮食对居民营养有什么影响？

谷物类粮食的营养成分绝大部分分布在籽粒表层和胚部，过度加工必然会造成粮食数量和营养的大量损失。据有关资料显示，目前我国由于粮食过度加工造成的粮食损失达 130 亿斤[①]以上。精白米的蛋白质相比于糙米损失 17％、脂肪损失 35％、纤维素损失 40％、钙损失 60％、磷损失 40％。其他人体必需的微量元素和维生素也有不同程度的损失。如果长期吃精白米、精白面，不吃标准米、标准面和粗粮，必然造成营养素的不足。

"三高"即高血压、高脂血症和高血糖已成为现代人普遍的疾病隐患，其中一个重要原因正是饮食过于精细，粗杂粮吃得少。据统计，我国 60 岁以上老年人群营养缺乏率平均为 12.4％、贫血患病率高达 19.4％、患骨质疏松症的比例也越来越高。这些疾病的发生均与过多食用精米、精面，缺少钙、磷、铁、钾、镁、硒、锌、维生素和膳食纤维等存在关联。

为了全民身体健康，国家已经开始采取有力措施，促使粮食加工企业转变观念，大力发展标准大米、标准面粉、标准面条、黑米食品、粗粮食品、全谷物食品的生产，适度扩大加工营养粮食的供应量，改变人们的饮食习惯。

---

① 斤为非法定计量单位，1 斤＝500 克。——编者注。

12. 发酵米粉的营养优于普通米粉吗?

发酵对大米营养成分具有显著的影响。随着发酵的进行,总糖和总游离脂肪酸有上升的趋势;大米总蛋白降解 30％左右,总脂肪降解 60％左右,总灰分降解 60％以上;发酵对总淀粉含量影响不大。这些营养成分的变化是鲜米粉口感形成的原因之一。

鲜米粉的自然发酵是一个由乳酸菌产生乳酸的过程,乳酸菌作为一种益生菌,除了对米粉质构有较大的影响外,它在防止米粉腐败、调节人体微生态方面也发挥功效,具有防治胃肠疾病、调节血脂、提高免疫力、抑制肿瘤和延缓衰老等作用。发酵后米粉的粗脂肪和粗蛋白含量虽然降低,但游离氨基酸增加,特别是 γ-氨基丁酸、亮氨酸和丙氨酸显著增加,这些成分的增加意味着鲜米粉具有更好的功能活性。

13. 米糠油较传统烹饪用油有特殊的营养功能吗?

米糠油是通过对稻谷加工副产品米糠进行浸出法或压榨法得到的稻米油。米糠油取自稻谷营养最为丰富的皮层及胚芽,不饱和脂肪酸含量达 80％左右,且饱和脂肪酸、单不饱和脂肪酸、多不饱和脂肪酸的比例为 1∶2.1∶1.8,接近美国心脏学会和世界卫生组织建议最佳摄入比例(1∶2.1∶1.1)。

米糠油中所富含的谷维素是由十几种甾醇类阿魏酸酯形成的化合物,具有降低血清胆固醇的浓度、阻止机体合成胆固醇、加快血液循环、调节植物神经和内分泌等功能,对人体及动物生长发育有促进作用。

此外,米糠油还含有丰富的维生素 E、复合脂质、磷脂、生育三烯酚、角鲨烯等几十种天然生物活性成分,这些功能活性成分具有降血脂、抗氧化、预防心脑血管疾病等诸多的调节功能。米糠油作为别具特色的健康食用油,是制作营养油、调和油、煎炸油、食品原料的良好用油。

14. 糯米制品较普通的大米制品在营养价值上有区别吗?

糯米富含蛋白质、脂肪、糖类、钙、磷、铁、B族维生素及淀粉等,是适于滋养温养的食品,具有调养脾胃的作用。经常食用糯米有益于缓解脾胃虚寒所导致的反胃、体虚神疲,食欲不振等症状。糯米与当归、枸杞等制酒能滋补、健身和治病,经常饮用,能补气提神、美容益寿、舒筋活血。

糯米与普通大米的蛋白质、糖类、脂肪、膳食纤维含量基本相同。它们的主要成分都是淀粉,但两者的淀粉结构链不同,大米淀粉以直链淀粉为主,糯米淀粉几乎全部是支链淀粉。唾液和胰液中的淀粉酶,可以轻松地将直链淀粉分解,但对于糯米中的支链淀粉只能切断一些直的分支链,大部分不能被分解。因此,糯米与大米相比不易被人体消化吸收。此外,过多食用糯米会伤脾胃,出现腹胀、腹泻、泛酸等症状,患有胃炎、十二指肠、消化道炎等病症的人群应少食。所以老人、孩子以及胃肠功能较差的人,最好在早饭或午饭时食用,即使胃肠功能较好的人也不要多吃。

15. 甜玉米与普通玉米相比,营养成分有何不同?

甜玉米是玉米的一个品种,在欧美发达国家以及韩国、日本等其他发达国家非常流行,在我国也被广泛种植。经常食用甜玉米有利于防止血管硬化,降低血液中胆固醇的含量,还可以预防肠道疾病和癌症的发生,保健效果良好,是老年人和婴幼儿的良好食品。

甜玉米的主要被食用部分是未成熟的籽粒,由子房壁和胚乳组成。甜玉米的食用口感由胚乳味道、结构状态及果皮柔软程度等决定。相比于普通玉米,甜玉米营养价值很高,富含糖类物质，其赖氨酸含量接近高赖氨酸玉米，是普通玉米含量的两倍。甜玉米籽粒中的脂肪、蛋白质、多种氨基酸含量等均高于普通玉米，富含多种维生素（B族维生素、维生素C）以及矿物质元素，另外其籽粒所含的蔗糖、葡萄糖、麦芽糖、果糖等糖类极易被人体消化吸收。

普通玉米经水煮或火烤后，立即食用，其口感鲜嫩可口，但冷却老化后口感生硬，再次加热也不能恢复其鲜嫩口感。但是，甜玉米则不存在老化问题，煮熟或烤制后放置一段时间后再食用，仍然可保持鲜嫩口感。因此，甜玉米更加适合加工速冻食品或者罐头生产。

16. 杂粮与传统主粮相比在营养上是否更有优势？

杂粮营养素全面均衡，含有高比例的蛋白质、氨基酸，既是传统食粮，又是现代保健珍品，尤其是糖尿病、高血脂和减肥者的最佳主食。杂粮中微量元素含量高，可为人类提供丰富的铁、钙、磷、硒、锌等，而这些微量元素在精米白面中含量甚微（往往在加工过程中丢失）。杂粮中维生素含量高，维生素E、B族维生素、胡萝卜素等，有助于帮助人体清除氧自由基，活化肌体酶活性，改善内环境平衡，起到积极的抗衰老作用。杂粮富含膳食纤维，既有可溶性的，也有不可溶性的，对降低胆固醇和血糖，防止心血管、中枢神经疾病的发生，缓解和预防便秘，减少结肠癌的发病率都具有积极作用。

17. 燕麦何以成为国际上公认的降胆固醇作物？

燕麦营养价值丰富而全面，蛋白质、脂肪、维生素E、膳食纤维以及钙、镁、铁、磷等矿物元素含量均高于其他谷类作物。燕麦中的膳食纤维、球蛋白、脂肪酸等均被证明在降低胆固醇方面可发挥有益作用。

燕麦膳食纤维与总胆固醇结合，可以减少胆汁酸的吸收，增加胆汁酸的排泄量，降低血清胆固醇。特别是存在于燕麦胚乳和糊粉层细胞壁的一种非淀粉多糖——β-葡聚糖，具有显著的降低血脂和血清胆固醇的作用，对预防和治疗心脑血管疾病以及糖尿病有重要功效。1997 年美国食品和药物管理局（FDA）认证，燕麦米中特有的"β-葡聚糖"具有降低胆固醇、平稳血糖的功效。

此外，燕麦蛋白含有超过 50％的球蛋白，据报道球蛋白具有显著的降低血清胆固醇的功效。燕麦中含有丰富的油脂，在燕麦油中不饱和脂肪酸占脂肪酸总量的 82.2％，其中油酸和亚油酸的含量最高，对降低血清胆固醇具有显著作用。燕麦油中还含有丰富的生育酚、生育三烯酚及植物甾醇，这些功能活性物质也可以发挥降低血清胆固醇的功效。除此之外，燕麦还含有一种其他谷类作物都没有的生物活性物质皂苷（燕麦生物碱），皂苷与纤维结合，可使纤维具有吸附胆汁酸的性能，促使肝脏中的胆固醇转变成胆汁，随粪便排出体外，从而发挥脂质代谢调节的功效。

18. 燕麦制品如何食用降血脂效果可能更好？

燕麦中的主要膳食纤维类物质 β-葡聚糖是一种可溶性的非淀粉多糖。研究显示，一个高血脂患者每天摄取 3～4 克 β-葡聚糖，具有降低血液中低密度脂蛋白胆固醇的效果，同时又不会影响到高密度脂蛋白胆固醇的水平，心脏病发作的风险可降低 10％～12％。而且 β-葡聚糖不仅能够促使肠胃蠕动，帮助胆酸排出体外，还有降低血中胆固醇的作用。燕麦蒸煮后食用，比冲泡的效果更好。一般燕麦粥黏性越大，其中的 β-葡聚糖含量越高，营养保健作用就越好。

19. 苦荞为何被称为降血糖作物？

国内外大量文献均有研究报道，认为苦荞及其制品具有降血糖、尿糖的作用，对糖尿病有很好的疗效。这主要归功于苦荞中所含的几种特殊组分如葡萄糖苷酶抑制剂、抗性淀粉、膳食纤维、类黄酮、微量元素等。

苦荞中的葡萄糖苷酶抑制剂通过竞争抑制葡萄糖苷酶来减少双糖在体内的水解从而延缓葡萄糖的吸收，降低餐后血糖。

苦荞相比于小麦含有更多的抗性淀粉和膳食纤维，更容易产生饱腹感，促进有毒物质的排泄，降低血清总胆固醇及低密度脂蛋白胆固醇的含量，对多食易饿的糖尿病患者来说是非常理想的营养补充食物。

苦荞类黄酮（主要成分是芦丁）可保护胰腺组织，促进胰岛素分泌，提高胰岛素受体的亲和力；荞麦糖醇能够调节胰岛素活性，增强胰岛素敏感性。

苦荞中的微量元素对降低血糖具有积极作用。例如，苦荞含有其他谷物所缺乏的硒元素，是胰岛素细胞必需的微量元素，可促进胰岛素分泌，从而发挥降低血糖的作用。苦荞中铬含量丰富，是构成葡萄糖耐量因子（GIF）的重要活性物质。GIF可增强胰岛素功能，对改善葡萄糖耐量、降低血糖极为重要。苦荞中锌元素含量高于一般谷物，能够减缓胰岛素活性的降低。

综上所述，苦荞含有多种具有显著降血糖功效的功能组分，在这些功能物质的共同作用下调节糖代谢，因此苦荞被称为降血糖作物。

20. 淀粉质食用豆通常有哪些营养与功能特性？

淀粉质食用豆是指除了大豆和花生以外，以食用籽粒为主的各类小宗豆类的总称。目前我国栽培的淀粉质食用豆主要有豇豆、菜豆、蚕豆、豌豆、小扁豆和鹰嘴豆等。淀粉质食用豆类中含有丰富蛋白质、脂肪、多种微量矿质元素及多种维生素。常见淀粉质食用豆类中碳水化合物含量一般在 $55\%\sim70\%$（其中淀粉占 40%～60%）；粗纤维含量达 8%～10%，大部分存在于种皮中；蛋白质含量为 20%～40%，明显高于其他类植物蛋白资源；脂肪含量很低，含量为 0.5%～3.6%，不饱和脂肪酸的含量较高，主要有亚麻酸、亚油酸、软脂酸及油酸，这些不饱和脂肪酸含量受品质影响较大。此外，其还含有维生素 B_1、维生素 B_2、维生素 B_3、维生素 C 及磷、钙、钾、铁、锌等多种矿物质。

在功能特性方面，淀粉质食用豆所含的黄酮类物质具有降血脂、抗动脉硬化、抗肿瘤、抗骨质疏松等作用；淀粉质食用豆中的原花色素具有抗氧化、抑菌、抗癌和抗突变等生理活性；豆类所含有的过氧化物酶（POD）和超氧化物歧化酶（SOD），在一定程度上缓解细胞的氧化损伤，促进组织功能的恢复，从而使机体对葡萄糖代谢作用加强，进而发挥其降血糖的作用；豆类纤维对肠道疾病、心血管疾病等起缓解作用；而其所含有的维生素 B_1、维生素 B_2、维生素 B_3、皂素等成分具有消毒、利水消肿、健脾止泻等功能，可治小腹胀满、小便不利、烦热口渴诸症。

21. 作为藏区居民主食，青稞有怎样的营养特点？

青稞属于禾本科大麦属作物，因内外颖壳分离，籽粒外露，又被称为元麦、裸大麦、米大麦。我国青稞的主要产地为西藏、四川、青海、云南等地。其在青藏高原的种植历史已有 3 500 年，为藏区的主要粮食作物。青稞中蛋白质含量为 6.4%～21.0%，平均值是 11.3%，高于普通小麦、玉米和水稻；淀粉中含支链淀粉比重较高，通常含量是 74%～78%，甚至有些品种接近于 100%；粗脂肪的含量为 1.2%～3.1%，平均值是 2.13%，高于小麦和水稻，但比玉米和燕麦低；总纤维含量和可溶性纤维均高于其余谷类作物。此外，青稞富含铁、铜、钙、磷、锌等矿物元素以及微量元素硒和 B 族维生素，这些物质对人体生长发育健康具有积极作用。

22. 怎样的加工方法可以增加粮食中可溶性膳食纤维的含量?

粮食中的天然膳食纤维以不可溶性为主,可溶性膳食纤维的含量较低。日常饮食中可以多吃粗粮麦麸、全麦面包、马铃薯、燕麦、青稞等以增加可溶性膳食纤维的总量。在谷物加工过程中可以通过发酵处理,提高可溶性膳食纤维的含量。例如,通过乳酸菌发酵可以使膳食纤维糖苷键断裂,部分不可溶性膳食纤维转化成非消化性可溶性多糖,从而增加可溶性膳食纤维含量。均质处理也可以一定程度上提高可溶性膳食纤维的含量。对于以粮食为原料的液态类加工产品,原料中的膳食纤维在均质过程中,由于剧烈的剪切和空穴作用,使膳食纤维超微粒化,比表面积增大至原来面积的几十倍,植物胶、木质素、半纤维素等的大分子糖苷键发生断裂,部分不可溶性膳食纤维转变为可溶性膳食纤维。此外,高温蒸煮也可增加可溶性膳食纤维的含量,这是由于在蒸煮过程中,水进入了半纤维素和纤维素等大分子的结晶区,使分子之间的键断裂,从而释放可溶性成分。

23. 在粮食加工及食用过程中如何减少 B 族维生素的损失?

B 族维生素是水溶性维生素,在粮食中主要存在于种皮的糊粉层中。由于其对光、水、热、氧化敏感,大多在 80℃ 下即被破坏,且过度加工会导致大量损失,因此在加工和食用过程中,要注意以下几点:

一是采用低温贮藏的方式可以降低粮食中 B 族维生素的损失。因为 B 族维生素在温度达到 4℃ 以上时,降解速度明显加快。同时,B 族维生素在光照下快速降解,因此要避免暴晒。

二是漂洗过程中会损失部分维生素。例如大米经漂洗后维生素 B_1 损失率为 60%,维生素 B_5 损失率为 47% 等。淘洗的次数越多,淘洗时用力越大,损失越多。这是因为 B 族维生素主要存在于米粒表面的细米糠中。

三是在粮食烹饪过程中，不论采取何种烹饪加工方式，都会导致 B 族维生素的损失。烹饪中维生素的损失量与时间、加热温度、氧气等因素相关，对热、氧较敏感的维生素损失较大。一般蒸、炒、爆、熘对维生素破坏较少；煮、炖、焖、卤造成维生素流失较多；烤、炸、煎对维生素破坏较多。因此，米面类主食烹调方法以煮、蒸为主，尽量避免烘烤、油炸的方式。

24. 富硒粮食作物是如何生产出来的，品质控制指标是怎样的？

硒是人体必需的微量元素，对人体有很重要的作用。粮食中的有机硒更易于被身体利用和储存。有机硒参与谷胱甘肽过氧化物酶等含硒酶的转化，从而清除自由基、减缓人体衰老病变。生产富硒粮食作物主要有两种途径，即富硒土壤自然生长和种植过程中施加硒肥。富硒土壤中自然生长获得的富硒粮食作物相对安全，硒含量丰富而稳定；而施用叶面肥的粮食作物硒含量须严格控制，严防过度施肥导致含量超标。粮食类作物施加硒肥后含量可提高 3~5 倍。富硒谷类经脱壳等加工后，可获得富硒食品，糠麸、秸秆加工后可获得富硒饲料。

硒具有显著的生理活性，但是摄入硒过量对身体有害。过量的硒会引起硒中毒，出现脱发，指（趾）甲脱落，皮肤苍白，严重时可导致神经系统受损及牙齿损伤，还可出现消化道症状如恶心、呕吐等，同时伴有乏力、疲劳、易怒以及神经炎症状，也会出现心肌病、心肌炎的症状。因此，我国对富硒产品进行了严格控制，规定富硒制品必须是在生长过程中自然富集而非收获后添加硒，且在《富硒食品硒含量分类标准》DB61/24.01—2010 中规定，成品粮中硒含量在 0.02~0.30 mg/kg，在粮食加工制品中为 0.005~0.30 mg/kg。

三、 传统粮食加工技术问答

1. 我国粮食原料收购时是如何分等分级的?

我国粮食加工行业主要以国家标准为依据对原粮进行定级。例如:

小麦根据国家质量标准(GB 1351—2008)分为硬质白小麦、软质白小麦、硬质红小麦、软质红小麦、混合小麦五类。各类小麦根据容重、不完善粒百分比进行质量分级为五等。其中,容重为定等指标,各类小麦按容重分为五等,三等为中等,低于五等的小麦为等外小麦。同时对杂质总量及其中矿物质含量、水分含量、色泽、气味均有明确要求。

稻谷根据国家质量标准(GB 1350—2009)分为早籼稻谷、晚籼稻谷、籼糯稻谷、粳稻谷、粳糯稻谷五类。各类稻谷根据出糙率、整精米率分别分为五等。其中,出糙率为定等指标,三等为中等,各类稻谷对杂质含量、水分含量、黄粒米含量、谷外糙米含量、互混率、色泽、气味均有明确要求。

玉米根据国家质量标准(GB 1353—2009)分为黄玉米、白玉米、混合玉米三类。各类玉米按容重分为五等,三等为中等,并对不完善粒含量(包括总量及其中生霉粒的含量)、杂质含量、水分含量、色泽、气味均有明确规定和要求。

2. 加工工艺对小麦粉食用品质有哪些影响？

小麦粉的食用品质主要包括以其为原料制作出的食品所表现出的质地和口感外观等特征。烘焙品质和蒸煮品质是其重要品质，一般通过观察其外观、色泽、结构、纹理质地，感受其口感、弹性、韧性、黏性、气味等来进行评价。这些评价品质的指标与面粉原料、食品制作配方及加工工艺密切相关。小麦加工工艺对面粉原料的粉色、粗细度以及损伤淀粉具有显著影响，因而会影响面粉的食用品质。

由面粉制作而成的蒸煮食品的色度和亮度受原料粉色的影响。例如，小麦胚乳的底色决定了面粉的粉色，但面粉中的麸星和其他有色物质对粉色也产生一定的影响。减少面粉中的麸星等有色物质含量有助于改善面粉食用品质。同时，面粉损伤淀粉含量对食品的口感和质地影响较大。以淀粉含量受损程度高的面粉为原料，制作的馒头常出现容易发黏、凉后收缩，面条凉后颜色变暗，而调整加工工艺可改变面粉的粗细度，减少面粉的破损淀粉量。此外，越靠近胚乳面粉的蛋白质含量越低，面粉的面筋指数和面团流变学特性指标降低，而淀粉总量和直链淀粉含量逐渐增加，糊化黏度值也随之增大。因此面粉的出粉率不同造成面粉的品质差异很大，适当增加面粉出粉率，面团吸水率、形成时间和粉质质量指数也会增大。

3. 专用小麦粉和普通小麦粉的主要区别是什么？

专用小麦粉是区别于普通小麦面粉的一类面粉的统称。它与普通小麦粉的主要区别在于用途的针对性。专用小麦粉是根据各种面制食品对粉的特定要求组织生产的，并十分着重于粉质的稳定和均衡，品质更有保障、使用也更方便。例如：面包专用粉因面筋含量高、筋力强，特别适合制作面包；饼干专用粉特别适合制作饼干。专用面粉必须满足以下两个条件：一是必须满足食品的品质要求，即能满足食品的色、香、味、口感及外观特征；二是适用于食品的加工工艺，即能满足食品的加工制作要求及工艺过程要求。

4. 市面上常见的专用小麦粉是如何区分的?

市场上常见的专用小麦粉有饺子用小麦粉、馒头用小麦粉、面条用小麦粉、糕点用小麦粉、蛋糕用小麦粉、面包用小麦粉、发酵饼干用小麦粉、酥性饼干用小麦粉、自发小麦粉。按照行业标准（LS/T 3201—3210/1993），专用粉分为精制和普通两个级别。湿面筋、粉质曲线稳定时间和降落数值是区别各类专用粉的主要指标，反映不同食品对小麦粉面筋质含量与质量的特殊要求。

传统食品工业对面粉质量要求的核心在于面粉中蛋白质的数量与质量。我国根据蛋白质含量将专用小麦粉分为三大类：第一类为高蛋白面粉（高筋粉），蛋白质含量为11.5%以上，适用于制作面包；第二类为中蛋白面粉（中筋粉），蛋白质含量为9%～11.5%，适用于制作面条、馒头；第三类为低蛋白面粉（低筋粉），蛋白质含量为7%～9%，适用于制作蛋糕、饼干等。

5. 专用小麦粉是如何加工的?

专用粉可通过配麦或者配粉来生产。配麦是综合考虑小麦数量、产地、价格、皮色、软硬程度、灰分、新陈等因素，将各种不同品质的小麦进行毛麦搭配或光麦搭配，生产出符合品质要求的专用小麦粉。小麦搭配时，皮色和软硬是最基本要求，面筋含量及筋力强弱是最重要的品质指标；配粉是根据对小麦粉质量的要求，将一个或多个品种小麦加工的不同精度、不同品质的基本粉按照专用粉的品质要求，按比例配料、混合配制而成的符合要求的专用小麦粉，专用小麦粉通常添加各种营养强化剂、品质改良剂等以期获得更好的品质。需要注意的是，采用配粉工艺生产专用粉，需要妥善保存收集的基本粉并保证指标稳定。常见的配粉方式有容积式配粉和重力式配粉。

6. 小麦淀粉对小麦粉食用品质有何影响?

普通小麦粉淀粉含量高达 70％左右，这对小麦粉食用品质具有重要影响，并且影响程度与破损淀粉含量、直链淀粉与支链淀粉含量、比例、分子量等密切相关。采用直链淀粉含量低的小麦粉制作面包，虽然面包体积有所增大，但面包瓤气孔大而不均匀且容易发黏。直链/支链淀粉比例、淀粉分子量分布、淀粉糊化温度等对面包老化过程有影响，破损淀粉含量太高或太低均不利于制作优质馒头。主要原因是破损淀粉含量太高，面团发酵时产生大量麦芽糖、糊精，面团太软，面筋网络支撑力不足，生产的馒头比容小且馒头心发黏；破损淀粉含量太低，面团吸水率偏低，面团发酵时麦芽糖不足，酵母养料不充分、产气不足都会导致馒头比容小。直链淀粉含量与熟面条质构参数中硬度、胶着性、咀嚼性呈正相关，与弹性、黏着性、黏聚性和回复性呈负相关。破损淀粉过多，面条不仅易糊汤，结构、弹性、光滑度也均受影响。

7. 馒头的工业化加工工艺是怎样的?

馒头是以小麦面粉为主要原料，经过和面、发酵、成型和汽蒸熟制而成的面制品。常见的馒头生产工艺有：

根据发酵方法分为面团过度发酵法（老面法）、面团快速发酵法（二次发酵法）、面团不发酵法（一次发酵法）等；根据发酵剂分为酵母发酵、酵头（老面）发酵、酒曲发酵等；根据生产设备的先进程度不同分为家庭制作（蒸锅蒸制）、作坊生产（蒸笼蒸制）和生产线设备生产（蒸箱蒸制）等。

家庭、作坊式传统馒头制作中多采用老面、酵头发酵，以二次发酵为主，发酵结束一般会有碱中和的步骤。工业化生产从工艺简化角度考虑，借鉴了西方面包制作工艺，采用酵母纯种一次发酵，无须碱中和即可制作出能够被消费者普遍接受的馒头。

馒头的一次发酵法生产工艺流程如下：

原辅料预处理→和面→馒头机成型或轧面手工成型→醒发→汽蒸→冷却→成品

和面：将原辅料加入和面机搅拌成面团，即发活性干酵母可以不活化，直接以干粉形式加入。一般酵母用量越多，发酵能力越强，发酵时间越短，但酵母用量过多，发酵力降低，因此酵母用量一般不超过面粉用量的 2%。搅拌时间为 10～15 分钟，面团表面光滑细腻，出现延伸性。和面时要控制和面温度和加水量。

成型：馒头根据需要制作成各种形状和大小，常见的为圆形和方形，一般由双对辊馒头机和刀切馒头机完成，花色品种制作依靠手工。

醒发：在温度 38～40℃、湿度 85%～95% 的条件下，让面团发酵 50～80 分钟，没有恒温恒湿条件的，也可采取其他相应的保温保湿措施。

蒸制：面团醒发后，放入蒸柜蒸熟或沸水上笼蒸制至熟透。传统方法是锅蒸，要求开水上屉。炉火旺，蒸 30～35 分钟即熟。工厂化生产用锅炉蒸汽，时间 25 分钟。

冷却：吹风冷却 5 分钟或自然冷却后包装。

8. 馒头加工中如何保证良好的风味？

馒头应具有纯正的麦香和发酵香味，香味足且滋味甜。常出现的问题有香味不足，后味不甜，且有酸、咸、涩、馊等不良风味。添加剂使用不当、污染有味成分、面粉变质、发酵控制不好，以及产品腐败变质等都有可能导致风味问题的产生。

保证馒头风味可从以下方面入手：控制好生产馒头的面粉原料。选取优质小麦，要求杂质少、无严重的化学和生物污染、不含化学添加剂；避免使用化学法增白的面粉。制作过程少添加或不添加人工合成化学物质或影响风味的天然物质；掌握发酵条件。最好选用发酵力强、风味突出的优质发酵剂，采用老面发酵工艺，有助于产品的风味和口感达到传统产品的标准，也可采用酒曲发酵法来改善馒头的风味。若采用酵母作为发酵剂，则选择产酸产醇适中的馒头专用酵母；依据当地口味调整馒头面团的酸碱度。当条件相对稳定时，加碱量可保持不变，水质、面粉及发酵温度变化时应适当改变加碱量，一般水的硬度越高，面酸度越高，温度高增加碱用量，保证面团 pH 在 6.4～6.7；根据当地的饮食习惯，选择加入甜味剂，如蜂蜜、白砂糖、甜酒等，但注意适量添加，不能改变馒头主食风味。

9. 馒头生产中常见的质量问题有哪些?

馒头生产中由于原料、加工工艺、环境等因素控制不当，馒头的色香味形会受到影响。生产中常见的问题有：

风味不良：正常的馒头具有纯正的发酵麦香味，后味微甜、略带中性有机盐的味道（碱味）。风味不佳的馒头可能会有酸、涩、苦、馊、腥等不良风味。

内部结构及口感差：优质的馒头内部结构呈现细腻的多孔结构，柔软而有筋力、弹性适中、爽口不黏牙。出现问题的馒头主要表现在馒头内部空洞不够细腻、发黏无弹性、质地过硬或过虚、层次感差等。

色泽不佳：优质馒头表皮多为乳白色，颜色一致、半透明且有光泽、无黄斑、无暗点。内部也常为纯白色，组织结构细腻，色泽均一。常见的色泽问题有色泽发暗不白、发黄、有暗斑等。

表面光滑度不好：优质馒头应为表面光滑，无裂口、无裂纹、无气泡、无明显凹陷和凸疤。常见的馒头表面问题有裂纹、裂口、起泡等。

萎缩：馒头萎缩是指馒头汽蒸或复蒸时萎缩变黑，像烫面、死面馒头，馒头保温存放时也偶有发生，民间称之为"鬼捏馍"。根本原因是面筋骨架的支撑力不足所致，冷却和降压时，回缩力大于支撑力从而产生萎缩。

腐败：馒头由于经过发酵，营养物质丰富，水分含量高，且熟制加热温度低于108℃，灭菌不够彻底。且通常产品销售是在保温或常温下进行，一般保质期很短，甚至在6小时内发生腐败变质。

10. 面包工业化加工工艺是怎样的？

面包是以小麦面粉为主要原料，以酵母、鸡蛋、油脂等为辅料，加水调制成面团，经过发酵、整形、成形、烘烤、冷却等过程加工而成的焙烤面制品。

面包按照柔软度、质量档次和用途、成形方法等分为许多种类。不同种类制作方法差异较大，但主要工艺环节一般包括和面、发酵、面团制作、醒发、烘焙五个主要工序。

和面：和面的目的主要是使面粉、酵母及其他原辅料调制在一起，干性物质得到完全的水化，加速面筋的形成。

发酵：面包制作整个工艺中最重要的一环。发酵对面包的作用很大，如面包的保鲜期，面包的口感，柔软度和形状等，都会产生很大的影响。发酵的理想的温度为27℃，相对湿度75％。发酵时间根据原料性质、酵母用量、糖用量、搅拌情况、发酵温度及湿度、产品种类、制造工艺等有关因素确定。

面团制作：面团制作是为了把已发酵好的面团通过分割和整

形变成所需产品性状的雏形。分割后的面团不能立即成型，必须要搓圆。通过搓圆使面团外表形成一层光滑表皮，利于保留新的气体，从而使面团膨胀。光滑的表皮还有利于在成型时成品的面包表皮光滑，不会被粘连，内部组织也会较均匀。滚圆的形状会避免撒粉太多，以免面包内部出现大空洞。

醒发：醒发的目的是使面团重新产气、蓬松，达到成品所需的体积和食用品质。因为面团经过整形后，面团内的气体大部分已被赶出，面筋也失去原有的柔软性而变得硬、脆，如果此时立即入炉烘烤，面包体积小，内部结构粗糙、颗粒紧密，且顶部会形成一层壳。醒发温度一般控制在 35～39℃；湿度为 80％～85％；醒发时间一般以达到成品体积的 80％～90％为准，醒发程度控制不合适就会导致面包感官品质变差，尤其是新磨的面粉或筋力弱的面粉，醒发过度时面团体积会在烘炉内收缩。

烘烤：一般生产时的烘烤温度在 190～230℃，所花时间 18～35 分钟。

11. 影响面包品质的主要工艺因素有哪些？

面包品质好坏主要受原料和加工工艺等因素的影响。面粉质量对面包的质量具有决定性作用，而判断面粉是否适用于生产面包，一项重要参数就是蛋白质含量。利用蛋白质含量适宜的面粉制作面包，有利于形成面包特有的海绵状组织结构。蛋白质含量不足会导致面团的持气力下降，无法形成理想的质构。

面团的调制和发酵工艺对其品质影响很大。调粉时要注意水量、水温及调粉时间。如果水量不足，会导致面团对气体产生阻力，影响面团的发酵速度；反之水量过多则不宜保持良好的形状。如果调粉时间过长也会破坏已经形成的面筋，影响面团的持气性与弹性；调粉时间过短则无法充分形成面筋。

此外，水温过高或过低均会对酵母的发酵产生直接影响。如果出现发酵过度、受到产酸菌的污染以及发酵温度过高等情况，会增加面团酸度，面包的口感变差；产酸作用过程中所产生过量的二氧化碳气体会破坏面筋网格，导致面包发生变形。发酵室温度分布不均匀会导致面包表皮发生结露现象，从而影响面包烘烤时上色，最终面包表皮上会出现斑点或者色泽不均等问题。

12. 挂面的工业化加工工艺是怎样的?

挂面是由湿面条挂在面杆上干燥而得名，又称为卷面、筒子面等。挂面的花色品种很多，一般按面条的宽度或使用的面粉等级或添加的辅料来命名，已形成主食型、风味型、营养型、保健型等不同品种。国内常见的挂面生产工艺流程为:

原辅料预处理→和面→熟化→压片→切条→湿切面→干燥→切断→计量→包装→检验→成品挂面

和面: 控制好面粉、食盐、回机面头和其他辅料的比例，加水量应根据面粉的湿面筋含量确定，根据环境条件控制好水、温度和时间。和面结束时，面团呈松散的小颗粒状，手握可成团，轻轻揉搓能松散复原，且断面有层次感。

熟化: 采用圆盘式熟化机或卧式单轴熟化机对面团进行熟化、储料和分料，时间一般为10～15分钟，要求面团的温度、水分不能与和面后的相差过大。

压片: 一般采用复合压延和异径辊轧的方式进行。初压面片厚度通常不低于4～5毫米，复合前相加厚度为8～10毫米，末道面片为1毫米以下，以保证压延倍数为8～10倍，使面片紧实、光洁。

切条: 切条成型由面刀完成，面条出现毛刺、疙瘩、扭曲、并条及宽、厚不一致等缺陷均与面刀的加工精度和安装使用有关。目前国内已开发出圆形和椭圆形面刀，解决了条型单一的问题。

干燥: 挂面干燥工艺分为高温快速干燥法、低温慢速干燥法、中温中速干燥法。其中中温干燥法弥补了高温快速法和低温慢速法的不足，具有投资较少、耗能低、生产效率高、产品质量好的特点，已在国内推广。

切断：一般采用圆盘式切面机和往复式切刀。前者传动系统简单，生产效率高，但整齐度较差，断损较多；后者整齐度好、断损少、效率稍低、传动装置较复杂。

计量、包装：传统的圆筒形纸包装仍需要借助人工操作，较难实现机械化。新型的塑料密封包装已实现自动计量包装，主要在引进设备的厂家中使用，已成为目前的主流方向。

13. 挂面中常添加哪些改良剂来提升产品品质？

受原料和加工工艺限制，挂面产品容易出现口感不佳、黏弹性差、缺乏光泽度、溶出率高、储存性差等问题，不能满足消费需求。科学合理地使用品质改良剂可以对挂面的蒸煮、食用、感官品质等起到显著的改良作用。生产中常用的挂面品质改良剂主要包括以下几种种类：

维持面团结构类：常用的有谷朊粉、蛋清、酪蛋白、乳清蛋白等。其中谷朊粉是最常见维持面团结构的改良剂，促进面团网络结构形成效果显著。

亲水性胶体类：瓜尔豆胶、沙蒿胶、海藻酸钠、卡拉胶、魔芋粉、羧甲基纤维素钠等亲水性胶体被广泛应用于面制品加工中，通过形成连续的三维凝胶网络结构，赋予面团一定的黏弹性，从而提升挂面的品质。

乳化剂类：常用的有蔗糖脂肪酸酯、硬脂酸单甘脂以及卵磷脂。它们能与小麦淀粉形成复合物，调节面团中蛋白网络结构与淀粉间的相对布局，促进形成更稳定的成熟面团。

无机盐类：主要为食用碱和食盐。食用碱如 Na_2CO_3、K_2CO_3 等配合复合磷酸盐使用，共同使面筋收敛、紧缩，增强其黏弹性和强度，降低加工过程中的断条率，面条色泽白润、筋力强、弹性好、易熟耐泡。食盐则可直接使面筋紧缩，增强其黏弹性和强度，降低加工过程中的断条率。

淀粉类：是挂面生产中使用量最大的品质改良剂，包括原淀粉和变性淀粉。"糊化温度低、糊化膨胀容易、黏度高"的淀粉有利于增强挂面的咀嚼性、滑爽性及光亮度等。如马铃薯淀粉、木薯淀粉等原淀粉，以及如木薯磷酸交联淀粉、木薯羧甲基淀粉等部分变性淀粉，不仅具有良好的黏附性能，在糊化膨胀后可形成交联的溶胀网络，对面团起到增稠增强作用。

酶制剂：主要有淀粉酶、蛋白酶、氧化酶、转谷氨酰胺酶、脂肪酶、木聚糖酶等，较传统面条改良剂更加安全、高效。

在实际生产中，单独使用一种类型的改良剂，往往难以达到效果，因此大多将不同种类的改良剂复配使用，利用不同改良剂间的相乘效果，更加有效地改良挂面品质。

14. 方便面工业化加工工艺是怎样的？

我国方便面生产基本是以小麦粉为原料，采用压延成型的工艺来生产制作。目前主要以油炸方便面为主，其加工工艺流程如下：

和面→熟化→复合压延→连续压延→切丝成型→蒸煮→定量切断→油炸→风冷→包装

和面是将面粉和水混合均匀并放置一段时间，形成的湿面团具有一定的加工性能。熟化又叫"醒面"，面团的加工性能在时间的推移作用下进一步得到改善。压延又称"轧片"，是将颗粒状的面团压制成面片，将分散的淀粉颗粒与面筋集结在一起，形成紧密的网络结构，使面筋均匀地分布在面片中并将淀粉颗粒包裹起来，体现面团的可塑性、黏弹性、延伸性。面片的压延包括复合压延和连续压延。切丝成型是指面带在切条过程中，在极高的速度下通过两个刀辊，并在送到成型网带上之前在成型器内成型。而方便面特有的形状也归结于过高的切刀速度和较低的成型网带速度，两者之间的不平衡使面条形成波浪形状。蒸煮是通过加热水产生的蒸汽使面条熟化，它实际上是淀粉糊化的过程。将淀粉乳浆加热到一定温度，这时候水分子进入淀粉粒的非结晶部分，破坏氢键；随着温度地再上升，淀粉粒内结晶区的氢键被破坏，淀粉不可逆地迅速变成黏性很强的淀粉糊，易于被机体消化吸收。定量切断是把蒸好的面条切成需要的长度，实现定长切断。油炸是把大小相等的面块放入盛有高温油的油炸盒中，使面块中的水以极高的速度汽化消失，得到多孔性结构的面条，同时淀粉糊化程度加深。风冷是将刚出油炸锅的面饼，冷却至室温后包装，一般通过风扇进行加速降温。

15. 油炸方便面与非油炸方便面在品质上有何区别？

非油炸方便面与油炸方便面的生产工艺基本相同，主要区别在于面饼的干燥方式不同。目前非油炸方便面工业化生产过程中多采用热风干燥的方式来进行熟化、脱水，微波干燥或者超高温蒸汽熟化的工艺目前受限于设备和技术，尚处于研究开发阶段。油炸方便面由于其干燥速度快（约90秒），糊化度高，面条具有多孔性结构，因此复水性好，加工更方便，口感也好。但由于其加工需使用油脂，因此容易酸败，口感和滋味下降，并且成本高。经热风干燥工艺加工而成的非油炸方便面是将蒸煮后的面条在70～90℃下脱水干燥，因此不容易氧化酸败，保存期长，成本也低。但由于其干燥温度低，时间长，糊化度低，面条内部多孔性差，复水性差，复水时间长。

16. 蛋糕加工的基本工艺是什么？

蛋糕是一种以面粉、鸡蛋、糖类、油脂等为主要原料制成的组织松软、适口性好的糕点食品。按照使用的原料、搅拌方法和面糊性质的不同一般可分为面糊类蛋糕、乳沫蛋糕、戚风蛋糕三大类。此外还可根据不同分类方法分为中式和西式，以及清蛋糕（海绵蛋糕）和油蛋糕。蛋糕的加工工艺路线如下：

原料准备→调制面糊→拌粉→注模→烘烤（或蒸）→冷却→包装

原料准备：主要包括原料清理、计量，如鸡蛋清洗、去壳，面粉和淀粉疏松、碎团等。面粉、淀粉一定要过 60 目以上的筛，轻轻疏松，避免块状粉团进入蛋糊从而导致产品有硬心的产生。

调制面粉（打糊）：这是蛋糕生产的关键，打蛋糊的效果直接影响成品蛋糕的质量，尤其是蛋糕的体积质量。打糊时将鸡蛋和糖（或油脂和糖）混合在一起进行强烈搅打，打好的蛋糊为稳定的泡沫状，并且呈乳白色，体积约为原体积的 3 倍。

拌粉：将面粉（或与淀粉混合）过筛后加入蛋糊（或油脂和糖的混合物）中搅拌均匀形成面糊。

注模：面糊制成后先注入模具中再进行烘烤。时间应该控制在 15～20 分钟，以防止蛋糊中的面粉下沉。成型模具使用前事先涂好一层植物油或猪油，注模时掌握好灌注量。

烘烤：蛋糕注模后即可送入烤炉中进行烘烤。蛋糕焙烤的炉温一般在 200℃左右。烘烤时不宜多次拉出炉门判断烘烤状况，以免面糊受热胀冷缩的影响而使面糊下陷。

冷却、脱模、包装：清蛋糕先脱模后冷却，油蛋糕先冷却后脱模。清蛋糕出炉后，应马上从烤模中取出，并在蛋糕顶面上刷一层食用油。脱模后可将蛋糕放在铺有干净台布的木台上自然冷却。油蛋糕出炉后应继续留在烤模内，待温度降低到烤模不烫手即可将蛋糕取出，然后自然冷却。蛋糕冷却后，要马上进行包装，以减少环境中不利因素对蛋糕质量的影响。

17. 稻谷制米加工工艺通常包括哪些?

稻谷制米加工通常包括清理、砻谷、碾米等工序,典型的加工工艺流程为:

清理→砻谷→选糙→碾白→后处理

清理:清理是根据稻谷与杂质之间在粒度、悬浮速度、密度、磁化特性等方面存在差异,经筛选法、风选法、相对密度风选法、磁选法、精选法、色选法等,来分离其中的尘芥杂质、金属杂质、有害杂质等。

砻谷:稻谷内壳与外壳互相钩合、外表面粗糙、质地脆弱、两顶端孔隙较大,在胶辊砻谷机中受到一定的挤压、搓撕/撞击、摩擦作用,稻壳将变形、破裂,从而剥去稻壳、进行砻谷;再根据稻壳与谷糙混合物悬浮速度差异,用风选设备将稻壳分离,实现谷壳分离。

选糙:谷糙混合物中稻谷和糙米的物理特性,如粒度、相对密度、弹性、摩擦系数及悬浮速度等存在差异,在运动中会自动分级,稻谷与糙米将彼此分离,纯净糙米进入后道工序碾白,稻谷汇入砻谷机再脱壳。谷糙分离有谷糙分离筛和谷糙分离机两大类设备,前者根据粒度分选,后者根据密度、弹性和表面摩擦进行分选,由于重力谷糙分离机适用性广、分离效果好,使用更广。

碾白:糙米在米机碾白室中进行碾白是依靠碰撞、碾白压力、翻滚、轴向输送四个因素共同作用从而脱去糠层,所得糠层一般采用气力输送方式进行收集。碾米方式有擦离碾白、研削碾白两种,碾米机有横式碾米机和立式碾米机两类。

后处理:加工得到的大米,需再经白米分级筛、滚筒精选机进行白米分级来分离超标的碎米以及少量糠粉、米糍(细碎的米粒);为了使米粒表面形成一层极薄的凝胶膜,产生珍珠光泽,外观晶莹如玉，需对大米进行抛光处理；色选机采用光电技术，利用白米与异色粒反光率的差异剔除异色粒，提高大米纯度。

大米包装前，可加强吸风、除铁功能。包装形式目前以小包装为主，真空包装可有效延长存储时间，保持大米新鲜度。

18. 如何判断大米的加工精度？

大米加工精度表征了糙米在碾白、抛光过程中糠层的去除或保留程度，决定大米精度等级的是米粒背沟、粒面留皮的多少。从原理上讲，大米加工精度的检测方法有三大类：碾磨前后米粒重量变化、碾磨前后米粒外观变化以及碾磨前后米粒糠层成分变化。外观表征法又可分为目测法、染色观察、仪器检测三种，糠层成分表征法有化学分析法、仪器分析法两种。

目前，国内外对大米加工精度的检测，主要采用目测法和染色法。由于这两种方法存在着主观性强、随意性大、准确性不高和效率低等缺陷，因此，研究大米加工精度的客观检测方法和技术、利用计算机图像处理技术或者近红外无损检测等仪器分析方法将成为大米加工精度检测技术的主要发展方向。

19. 蒸谷米的生产原理与加工工艺是怎样的？

蒸谷米即清理后的稻谷经水热处理后再进行砻谷、碾米所得到的大米。由于浸泡、蒸煮过程，不仅促进了稻谷脱壳，也使得集中在稻谷皮层的维生素与矿物质随水分转移到米粒内部，提升了产品的营养价值。典型的蒸谷米加工工艺如下：

清理、分级→浸泡→蒸煮→烘干→缓苏→冷却→砻谷→碾米→抛光→色选

蒸谷米的浸泡常用高温浸泡法，即需将浸泡水预先加热到80~90℃，再放入稻谷浸泡，浸泡过程中维持水温70℃以上，浸泡3小时，可消除常温浸泡时间长、引起发酵发芽等不利影

响。蒸煮是蒸谷米加工过程的关键一环，一般是用蒸汽对稻谷进行加热，该过程中必须掌握好汽蒸的温度、时间及均一性，使淀粉能达到充分而又不过度的糊化。干燥方法有高温炉气直接干燥、汽蒸间接加热干燥、电能转化空气热能干燥三种，均先快速干燥后经缓苏再慢速干燥，将稻谷水分降到 14％ 的安全水分以下。干燥脱水后的稻谷，再缓苏排出剩余热量，使水分均匀分布，释放稻谷内应力，以便后续进一步加工。

20. 中国传统米粉制品种类有哪些?

米粉是我国历史悠久的传统食品，主要以籼米为原料。不同地域间米粉的品种和名称差异很大。湖南、湖北、江西、广西、广东、福建等地称之为米粉或米丝;云南、贵州、四川、重庆等地称为米线;上海、江苏、浙江一带叫作米面;扁宽状的米粉在广东等地被称为沙河粉。

米粉按照加工工艺分为榨粉（水洗、浸泡、磨浆或粉碎、蒸坯、压榨、蒸熟）和切粉（水洗、浸泡、磨浆、蒸浆、面片切条）;按照含水量分为干粉和湿粉;按照花色品种分为桂林米粉（圆直条榨粉）、江西直条米粉、过桥米线（圆直条榨粉）、常德米粉（榨粉）、东莞米粉、沙河粉（扁粉、切粉）、四方粉、银丝米粉、米排粉、广东切粉、鲜湿发酵米粉、保鲜方便米粉、即食方便米粉等。

21. 米粉根据加工工艺分为哪些?

米粉根据加工工艺可分为直条米粉、保鲜湿米粉、速冻炒米粉、方便米粉几大类（邓丹雯，2000）。

直条米粉：根据大米粉原料的制备工艺差异，分为湿法和干法两类。干法是大米直接干磨，湿法则是将大米浸泡后采用湿法磨粉工艺。加工工艺流程如下:

大米粉→调质→挤压糊化→挤压出丝→密闭→搓散→蒸粉→搓散→干燥→切断→包装→成品

保鲜湿米粉：为防止微生物作用引起的腐败及贮藏期淀粉老化，通过洗涤、挤压、蒸煮等一系列工艺，使产品菌数减少，经酸洗工艺并结合低温常压杀菌达到防止微生物腐败。为防止淀粉老化，除了采取蒸煮、挤压、复蒸工艺及控制产品水分含量外，还需在调湿时加入添加剂。加工工艺流程如下：

大米粉→调湿→挤压糊化→挤压出丝→密闭→搓散→蒸粉→酸洗→包装→灭菌→冷却→装箱

速冻炒米粉：是结合南方特色的炒米粉开发的一个新产品，冷冻前的制作与直条米粉工艺一样，后经炒制，在最佳风味口感时进行急速冻结。加工工艺流程如下：

大米粉→调湿→挤压糊化→挤压出丝→密闭→搓散→蒸粉→搓散→炒制→装托→预冷→速冻→包装→冻藏→成品

方便米粉：通过高温搅拌、机械挤压、复蒸等工序，使大米淀粉充分糊化后迅速脱水干燥，以保持高糊化度，食用时只需复水 5～8 分钟即可。市场上可见方便波纹米粉、方便米排粉、方便河粉等。其加工工艺流程如下：

大米粉→精碾→洗米润米→磨浆→脱水→搅拌蒸粉→挤条→挤丝→复蒸→切断→干燥→包装→产品

22. 在米粉生产工艺中，促进米粉成型的原理与工艺是什么？

淀粉是米粉的主要成分。米粉生产过程中促进其成型的原理主要涉及淀粉糊化、凝胶、老化三个方面。在米粉加工过程中，当原料淀粉加水调浆加热后，淀粉颗粒吸水膨胀，淀粉分子间氢键断裂导致晶体结构破坏，形成溶胶，该过程为淀粉的"糊化"；经过糊化后的大米，能形成具有一定弹性和强度的半透明凝胶。凝胶的黏弹性、强度等特性对米粉的成型性、口感等都有较大的影响；完全糊化的淀粉在较低温度下自然冷却或缓慢脱水干燥，就会使在糊化时已破坏的淀粉分子氢键再度形成，部分分子重新变成有序排列，结晶沉淀，这种现象被称为"老化（回生）"。米粉的成型即先将淀粉糊化、形成凝胶，再使其回生的过程。

米粉的成型主要包括切条成型和挤压成型。切条成型是将冷却后的粉片用切条机按照产品的规格要求，切成一定宽度的扁长条，即得湿切粉，干燥后得干切粉；挤压成型是将粉片经带有若干圆形模孔的模头挤压成一定粗细的圆长条，改变模板孔型，也可得到扁状粉条。实际操作需要控制进料速度与压力。进料不足，挤出的粉条结合不紧，易断条；进料过多，压力多大，部分配料在榨条机内回流，造成粘连，堵塞孔眼。

23. 传统玉米制粉加工都有哪些工艺？

传统玉米制粉的目的是得到高品质玉米糁或玉米粉，用作食用加工原料或工业加工原料，常见工艺主要有全籽粒直接粉碎法和玉米提胚后粉碎法。

全粒法，即将整粒玉米使用锤片式粉碎机粉碎，该法多被应用于国内的酒精厂，这种粉碎工艺获得的玉米粉不宜作为食品加工原料，一般用于发酵工业。

玉米提胚法，即通过脱胚机处理，摩擦去掉玉米皮层，使玉米胚掉落、分离，将所得玉米胚乳经辊式磨粉机加工成理想粒度的粗粒或玉米粉。主要工序包括：

清理→水分调节→脱皮→脱胚→磨粉

其中，脱皮、脱胚是玉米干法制粉的关键。脱皮有干法和湿法两种，前者主要用于秋季刚收购的高水分玉米。脱胚提胚工艺有完全干法、半湿法、湿法，三种方式差异主要在于玉米清理的程度和水分调节水平的高低。干法采用撞击式脱胚机进行脱胚，提胚工艺简单，后期不必对玉米胚及其他产品进行干燥，减少能耗，但提胚效率低且胚中淀粉含量高；湿法采用破糁脱胚机，所得玉米胚及玉米皮需要烘干，因此增加了能耗，生产成本高；半湿法提胚效率高，能耗较低，污染少且投资成本较低。

24. 传统的发酵类粮食制品有哪些？

发酵类粮食制品是指在食品加工过程中有微生物或酶参与而形成的一类特殊食品。我国传统粮食发酵制品主要原料包括大米、小麦、豆类、高粱等，主要产品形式包括米面类主食、发酵豆制品、酒类等。

米发酵制品：大米发酵食品以生米发酵为主。通常是将大米在一定的温度下浸泡发酵一段时间，再根据产品要求加工成不同品质的食品。传统的米粉、米果、糍粑、米发糕等都是由大米浸泡发酵后制成的。发酵后制成的食品在口感和风味上都有较大的提升。

发酵面制品：我国的传统发酵面食主要是利用酵母生命活动中产生的二氧化碳和其他物质，同时发生一系列复杂变化，使面团蓬松富有弹性，赋予面食特有的色、香、味。主要的发酵面食有馒头、包子、花卷等。

发酵豆制品：发酵豆制品是以大豆为主要原料，经微生物发酵而成的豆制品，包括豆豉、腐乳、豆酱、酱油、臭豆腐、纳豆、天贝等。发酵豆制品应具备发酵食品本身特有的香气，无杂质，无霉斑，无腥味或其他异臭味。

粮食白酒：是指以高粱、玉米、大米、小米、糯米、大麦、小麦、青稞等为原料，经过糖化、发酵后，采用蒸馏方法酿制的白酒。优良白酒绝大多数为此类白酒。

此外还有以大米、高粱、麦芽、豆类等为原料，加上麸皮等制作而成的粮食醋等其他发酵类粮食制品。

25. 皮燕麦和裸燕麦的区别是什么?

燕麦一般分为带稃型和裸粒型两大类。欧美等国家以栽培带稃型燕麦为主,常称为"皮燕麦"。皮燕麦成熟时内外稃紧包籽粒,不易分离。我国主要以栽培裸粒型燕麦为主,常称为"裸燕麦",又称莜麦,产量相对较高,易加工。

皮燕麦和裸燕麦的区别为裸燕麦为中等产量粮食作物,皮燕麦产量较低;裸燕麦耐旱,皮燕麦相对不耐旱;裸燕麦成熟后,籽与壳分离,皮燕麦成熟后为带稃型,籽与壳不分离;皮燕麦营养价值高于裸燕麦;裸燕麦比皮燕麦对盐碱胁迫更敏感;裸燕麦加工性能优于皮燕麦。

裸燕麦品种蛋白质含量多在 15% 以下,脂肪含量多为 5%~7%,亚油酸比例为总脂肪含量的 40%~45%。皮燕麦品种蛋白含量最高可达 17.9%,最低为 8.7%,多为 10%~15%;脂肪含量多在 7% 以上;亚油酸比例多集中在 40% 以下,最高超过 46%。

26. 我国传统莜麦制品有哪些?

我国莜麦传统食品风味独特、制作精湛、花样繁多,堪称是世界燕麦食品文化中的瑰宝。莜麦产区的群众在长期生活实践中摸索出了花样繁多的莜面制作方法,例如可搓成长长的"鱼鱼"、在面板上可推成刨花状的"猫耳朵窝窝"、用熟山药泥和莜面混合制成的"山药饼"、用熟山药和莜面拌成小块状再炒制成的"馈垒"、将生山药蛋磨成糊状和莜面挂成丝丝的"圪蛋子"、小米粥煮拨鱼鱼的"鱼钻沙"、莜面包野菜的"菜角"、将莜面炒熟加糖或加盐的"炒面"等,各具风味。最具代表性的为莜面窝窝、莜面饸饹、莜面鱼鱼等。

据统计,这些莜面食品多达 40 种。按所用设备可分成两类,一种是手工制作，有搓、推、擀、团、卷、按、包、擦、捏、搅、炒、切、抹等十多种制作技巧；另一种是利用工具制作，常见的工具有"饸饹床"，最早是木制的，后来出现了铁制的，现在市场上也有塑料制成的简易的"饸饹床"。用饸饹床制作莜面的做法叫作"压饸饹"，按熟化方法分别蒸、炸、汆、烙、炒五大系列，蒸制类是当中的主要大类，达 17 种之多；此外，根据燕麦与其他食材的组合方式，主要分成 4 类，分别是纯裸燕麦粉、裸燕麦粉与熟马铃薯混合类、裸燕麦粉与生马铃薯混合类、裸燕麦与蔬菜混合类。

27. 传统莜麦制品加工中的"三熟"是怎么回事？

莜面是我国传统食品中唯一的"三熟"食品。"三熟"工艺是我国莜麦产区居民在 2 000 多年的燕麦食用过程中摸索出的燕麦传统食品加工方法，是莜面食品制作的核心技艺，至今未发生根本性变化。其中任何一熟做不到，都直接影响食用品质。

第一熟为炒熟，即在加工面粉时须先把莜麦用水淘洗干净，晾干水分后下炒锅煸炒，待冒过大气后再炒至两分熟即可出锅，上磨加工箩出面粉。第二熟为烫熟，即在和面制作食品时将莜面置于面盆内一边泼入开水一边搅拌，紧接着用手将面盆内的块状莜面加水揉揣，达到"三净"（手净、面净、盆净）程度，再根据需要制作成各种所需成型食品。第三熟为蒸熟，即把制成的莜面食品用蒸笼蒸熟方可食用。

"炒熟"的三个目的：第一，产生焦香味；第二，燕麦籽粒硬度低，脂肪受热易黏附在筛孔上，容易堵塞磨粉机和筛网，需要进行炒熟以提高燕麦的出粉率；第三，燕麦中富含的脂肪酶会使脂肪在贮存过程中氧化酸败而使口感变差，因此炒熟灭酶能延长燕麦粉贮藏时间。

"烫熟"是为了形成面团，便于加工。这是因为燕麦粉不含湿面筋，与小麦粉相比，燕麦的清蛋白、醇溶蛋白含量低，球蛋白含量较高，不能像小麦粉一样形成面团。燕麦面团成型需要用热水烫面使淀粉糊化，通过淀粉颗粒间的黏结性形成面团。

"蒸熟"是为了使淀粉糊化，保持形状，赋予较好口感。

28. 苦荞和甜荞有何差别，传统上都用来加工什么产品？

世界范围内种植、消费的荞麦品种主要有两大类品种：一是1791年定名的鞑靼荞麦；二是1794年定名的普通荞麦。20世纪80年代以来，中国科学家经过对荞麦起源、史实、栽培及利用的研究后认为，鞑靼荞麦冠名为苦荞、普通荞麦冠名为甜荞更为科学。其中，苦荞是我国特有的小杂粮品种。

苦荞和甜荞相比，根、子叶、花、果实等形态特性有明显区别。从生育特性来讲，苦荞生育期大于甜荞。无论是甜荞还是苦荞均具有较高的营养价值，荞麦中除了含有蛋白质、脂肪、维生素和微量元素等营养成分外，还含有黄酮类、脂肪酸类、甾体类、环醇类等具有生物活性的化学成分。但苦荞中的芦丁的含量是甜荞的几倍至十几倍，所以苦荞的药用价值和保健功能高于甜荞。

由于苦荞保健药用价值突出，除少数被制作成风味小吃外，大部分用于加工。目前以苦荞为原料加工并投放市场的苦荞产品有：初级产品，如苦荞米（糁）、苦荞麦片、苦荞麦皮、苦荞麦粉；保健产品，如苦荞晶、苦荞挂面、荞面方便面、荞面饼干、苦荞面包、苦荞醋、苦荞黄酒和苦荞酱油，以苦荞皮为主料的保健褥、垫等；苦荞功能性饮料，如苦荞茶、苦荞袋泡茶；苦荞医药制品，如生物类黄酮胶囊。甜荞籽粒除一部分主要用手工加工成各种各样的风味小吃自食外，另一部分以原粮形式出口至日本、东南亚等国家。

29. 大米的传统加工制品有哪些？

　　大米的传统加工食品有米饭、米粉、米粥、米发糕、米饼、元宵、汤圆、糍粑等。米饭、米粉、米粥等为人们熟知，其他多为地方特色食品或节日食品。

　　米发糕是一种由籼米经浸泡、磨浆、发酵并利用蒸汽汽蒸糊化而成型的，具有蜂窝状结构、暄软可口，有宜人的发酵风味，易于被人体消化吸收，具有民族特色的传统风味食品。

　　米饼是一种以籼米或粳米为主要原料，添加芝麻、盐等配料，经浸泡、制粉、压坯成型、烘干、焙烤、调味等加工而成的糕点。它具有低脂肪、易消化、口感松脆等特点。

　　元宵和汤圆都是用糯米粉做皮，并且常采用芝麻、白糖等做馅料，但它们在制作工艺上区别很大。元宵首先需将和好、凝固的馅料分成小块，过一遍水后，再放进盛满糯米面的容器内滚动，边滚边洒水，直到馅料沾满糯米面滚成圆球；而汤圆制作类似于包饺子，因此有"滚元宵""包汤圆"的说法。

　　糍粑是用糯米蒸熟捣烂后所制成的一种食品。传统的糍粑制作是使用大木锤或竹铳在石臼中把糯米饭春成糍粑团。注意制作糍粑使用的是糯米而不是糯米粉，选择糯米时要注意选颜色洁白的新米，避免使用变色霉烂的陈糯米。

30. 高粱的传统加工制品有哪些？

　　高粱籽粒加工后即成为高粱米，在中国、朝鲜、俄罗斯、印度及非洲等地皆为食粮。食用方法主要是炊饭或磨制成粉后再做成其他各种食品，比如高粱米饭、窝头、粥、面条、面鱼、面卷、煎饼、蒸糕、年糕等。此外，由于高粱食用品质较差，绝大多数高粱一直被用作原料进行酿造，例如以高粱为原料酿造的白酒以其色、香、味俱佳而受到世界人民的追捧，其中著名的白酒品牌有茅台、五粮液、泸州老窖等；还有品质好的醋也主要是由高粱酿造的。

31. 青稞的传统加工制品有哪些?

青稞主要产自我国西藏、青海、四川、云南等地，是藏族人民的主要粮食。青稞糌粑是藏族牧民传统主食之一。"糌粑"是炒面的藏语译音，是将青稞洗净、晾干、炒熟后磨成的面粉，食用时用少量的酥油茶、奶渣、糖等搅拌均匀，用手捏成团即可。它不仅便于食用，而且营养丰富、热量高，很适合充饥御寒，还便于携带和储藏。此外，青稞是酿酒工业的理想原料，我国青稞酿酒距今已有 2 000 年以上的历史。

32. 粉丝的加工工艺是怎样的?

粉丝是用绿豆淀粉、红薯淀粉等做成的丝状食品，故名粉丝。制备淀粉的原料需要经浸泡、磨浆、筛分，得到粗淀粉乳，再通过酸浆法或机械法提取淀粉，也可用碱液浸泡原料的碱法提取淀粉。粉丝的成型工艺有手工制作和机械加工之分。手工制作工艺流程为:

选料提粉→配料打芡→加矾和面→沸水漏条→冷浴晾条→打捆包装

机械加工工艺流程又分为涂布式、漏瓢式、挤出式三种:

涂布式工艺流程:调浆→涂布→糊化脱布→预干→时效→切丝成型→干燥→包装

漏瓢式工艺流程:制芡糊→合粉揣揉→抽气泡→漏丝成型→煮粉糊化→冷却捞粉→切断上挂→冷凝→冷冻→解冻干燥→(压块)包装→成品粉丝

挤出式加工工艺流程:配料与打芡→合浆→下料→加热成熟并挤出→冷却→干燥→定长切割→包装

33. 当前我国粮食加工行业面临哪些突出问题?

我国是世界粮食生产和消费大国,米面加工能力和产量均居世界之首。近年来,米面产品结构不断优化、总体质量水平明显提升,加工企业规模和生产集中度显著提高,工业化生产和加工装备水平提升。但与发达国家相比,在产业规模化、产业链延伸、粮食资源高效利用及科技自主创新能力方面尚有一定差距。主要问题:

一是粮食过度加工问题突出。据测算,我国每年加工环节浪费的粮食在 150 亿斤以上。过度追求精加工,不仅造成粮食浪费,还损害粮食的营养,加工精度越高,营养流失越大。

二是高库存问题严重,收储制度亟待改革。近年来国内粮食高产量、高价格、高库存的"三高"问题突出,加工企业生产成本居高不下,利润空间被不断压缩,开工率普遍不足。

三是粮食价格倒挂问题突出,产业健康协调发展受到阻碍。我国粮食价格呈现国内与国际市场、产区与销区、原粮与成品粮价格"三个倒挂"的态势,破坏了市场竞争和价格形成的机制规律。同时"稻强米弱""麦强面弱"格局持续多年难以被打破。

四是加工品市场未走出低迷态势,部分子行业发展仍处困境。据统计,2015 年,粮食加工品市场的低迷程度加重,全国规模以上粮食加工业亏损企业数量超过 1 500 家。谷物磨制加工企业开工率持续低位徘徊,大企业开工率仅能维持一半,中小型企业开工率只有 20%~40%,停工、停产现象普遍。2014 年下半年以来玉米深加工企业亏损尤为严重,部分国家级重点龙头企业面临破产倒闭风险,玉米淀粉价格全年出现剧烈震荡,年度跌幅高达 14%。2015 年下半年虽然随着玉米价格大幅下跌和相关补贴政策的出台,淀粉加工企业开工率明显回升,但淀粉加工业主营业务收入与利润总额仍均呈现负增长,尚未挽回行业亏损局面。

四、 新型粮食加工技术问答

1. 低温储粮对于粮食品质保持有何益处?

低温储粮可大大避免因较高温而使粮食发热,产生虫害、霉变等情况的发生,是目前应用较多的绿色储粮方式。低温储藏使粮食生物体处于代谢较低的状态,抑制高水分粮食的陈化;抑制霉菌的产生和增殖、减弱害虫活动能力,甚至终止其繁殖,避免粮食遭受虫霉伤害。因此,低温储粮提升粮食品质和货架期,也避免了较频繁地使用化学药物杀虫,减少保粮人员的工作量,避免了对人体的伤害,同时减少了对生态环境的污染。低温储藏降低温度的方式主要是自然通风降温或机械(通风机和谷物冷却机)通风降温。采用必要低温隔热、保温处理等途径也可实现粮食降温。

2. 全麦粉的工业化生产工艺是怎样的?

全麦粉(Whole wheat flour)是以整粒小麦为原料制得的面粉制品,全麦粉通常包含了小麦籽粒的皮层、胚芽、胚乳绝大部分组织(95%以上)甚至全部组织,属于全谷物范畴。传统意义上的全麦粉通过直接碾磨的方式制备(如石磨和盘式粉碎机),皮层、胚芽不与胚乳分离,工艺简单,但品质较难得到保障。现代意义上的全麦粉生产方法主要是回填法,借助现代制粉工业中的长粉路辊式磨粉机的制粉工艺，分别将面粉、胚芽和麸皮收集起来，对后两者进行加热或挤压等稳定化处理并粉碎，之后按比例与面粉均匀混合，制成全麦粉。此外还有新型工艺，如短粉路全麦粉加工工艺技术及设备，有望实现高质量全麦粉的低成本、高效率生产（蔺艳君，2016）。

3. 留胚米的工业化生产工艺是怎样的？

留胚米是指大米的胚芽保留率达到80％以上，或其质量占大米质量的2％～3％，并符合大米等级要求的一种精制大米制品。虽然胚芽只占大米质量的2％～3％，但其生物活性成分含量却占整粒大米的近50％。因此，留胚米富含优质蛋白质、脂肪、多种维生素以及钙、镁和锌等多种矿物质，营养价值高于普通大米。

留胚米的生产方式与普通大米基本相同，需经过清理、砻谷、碾米三个过程。主要生产工序：

清理→砻谷→谷糙分离→糙米精选→糙米调质→多道碾白→抛光→胚芽米分级→色选→成品仓→计量包装

加工留胚米时需要采用"多机轻碾"工艺，并选用专业用的碾米机（留胚米机）。碾米机按照碾白方式可分为擦离式、碾削式和混合式三类。碾削式碾米机对大米胚芽的保留率最多，加工时产生的碎米也最少。按碾米辊的走向，可分为立式和卧式。从留胚米的加工效果看，立式要优于卧式。采用砂辊碾米机碾米时，砂刃作用于糙米表面去除皮层，尽量降低机内压力，减小碰撞和翻滚作用。砂辊碾米机转速不宜过高，否则米胚容易脱落。同时，应根据碾白的不同阶段，使转速由高向低变化。加工好的留胚米，由于米胚易吸湿、酸败，微生物容易繁殖，所以加工好的留胚米多采用真空包装或充 CO_2、N_2 包装。

4. 发芽糙米的工业化生产工艺是怎样的?

发芽糙米与糙米、精白米相比,不仅含有丰富的维生素 A、B 族维生素、维生素 E 和矿物质元素钾、钠、铁、锌等,而且还产生多种具有促进人体健康和防治疾病的成分,如肌醇六磷酸盐(IP-6)、谷胱甘肽(GSH)、γ-氨基丁酸等。发芽糙米的工业化生产主要工序如下:

选料→检验→优质糙米原料→精选→清洗灭菌→浸泡→发芽→钝化→干燥→除根

生产发芽糙米时,要严格控制原料的质量,选取具有发芽能力的糙米原料进行清洗灭菌处理。在自动控温控湿发芽库中处理一定时间,当芽体长度达到 1 毫米左右时,采用蒸汽短时钝化处理,结束发芽过程。经发芽的糙米通过热风循环进行干燥,使其水分含量降低至 13% 左右。最后进行真空包装,即完成发芽糙米的加工。

5. 燕麦米是如何生产的?

燕麦米是近年来起源于我国的新型燕麦制品,是指燕麦经过碾磨、灭酶后加工而成的能与米饭同熟的米类燕麦产品。由于燕麦胚芽长在燕麦腹沟的部位,在碾磨过程中得以保留,因此市场上的燕麦米实则大部分为留胚燕麦米。

裸燕麦和皮燕麦的加工工艺有所不同,但均需要经过清理麦粒表皮、去除麦毛、碾磨、灭酶等主要加工工序。

皮燕麦米生产的基本工艺流程为:

清理除杂→脱壳→清理打毛→多道碾磨→着水→烘烤灭酶→保温→降温、排出湿气→二次清理→定量包装

裸燕麦米生产的基本工艺流程为:

清理打毛→多道碾磨→着水→烘烤灭酶→保温→降温、排出

湿气→二次清理→定量包装

6. 人造米是如何生产出来的?

人造米是指以碎米或面粉为主要原料,添加适量的马铃薯、甘薯(红薯)、木薯等淀粉,经过制粒、蒸煮、烘干等工序制成的类似天然大米的制品。人造米的形状、色泽、密度与天然大米相近。

人造米的基本工艺流程:

混合→压片→制粒→分离→筛选→蒸煮成型→干燥→冷却

首先将各种原料置于混合机中充分混匀,加入适量水充分搅拌成为面团,经辊筒式压面机压成面带。然后将面带送至轧粒机进行制粒,并在振动筛上进行分离,去除粉状物,经过通蒸汽的传送带处理,使其表面糊化,形成被膜。最后经烘干使水分含量降低至13%以下,再经冷却即制得成品。浸泡时不变形,淘洗时不碎裂,加热蒸煮粒形不变、不溶解的特点。

7. 多谷物复配的米伴侣是怎样做到与大米同煮同熟的?

米伴侣是为了改变目前大家习惯食用精米等饮食结构不合理的现象,添加燕麦、小米、豆类、高粱、薯类等众多杂粮,通过再造技术、预糊化处理、真空冷冻干燥等技术生产的全谷物产品。米伴侣为人体补充膳食纤维、维生素、微量元素,达到膳食营养均衡,促进身体健康提供了很好的途径。

生产米伴侣时,由于对杂粮和杂豆原料进行了预糊化处理,提高了淀粉的糊化程度,因此可以直接加入到蒸煮的米饭或粥中,与大米同煮同熟,既保证了杂粮和杂豆具有软糯的口感,又可提高米饭和粥的营养价值,同时节约杂粮米饭和杂粮粥的蒸煮时间。

8. 婴儿营养米粉的生产工艺是怎样的？

婴儿营养米粉是专门为 6 月龄以上婴儿和幼儿开发的一种辅助食品。主要原料为常见的谷物，包括小麦、大米、大麦、燕麦、黑麦、玉米等，并添加适量的钙、磷、铁、锌等矿物质及维生素等营养强化剂和（或）蔬菜、水果、蛋类、肉类等辅料。

婴儿营养米粉分为即食类（产品经热加工熟化，用温开水或牛奶冲调即可食用）和非即食类（产品未经熟化，必须煮熟方可食用）。

即食婴儿米粉的主要加工工艺为湿法干燥工艺，产品以片状为主，具有复水性好、营养素分散均匀、较好控制微生物等优点，是主流的加工工艺。主要工艺流程：

泡米→打浆→配料→均质→蒸汽辊筒干燥机→粉碎→造片→包装

另有采用膨化干燥的干法生产加工工艺，产品以粉末状为主，产品加水容易成团。由于干法混料，容易导致营养素分散不均匀、婴儿容易上火、微生物不易控制等问题，但加工工艺相对片状的要简单且成本小，目前仍有较大部分市场。主要工艺流程：

大米粉碎→干法混料→挤压膨化→粉碎→混合→包装

9. 糙米卷是如何生产出来的？

糙米卷，又称夹心米果，是一种以纯糙米为主料的"花色型膨化食品"。一般以条状形态生产，中空，加以蛋黄、牛奶制品、果酱等卷心。糙米卷的生产过程比较复杂，主要生产工艺流程如下：

原料配制→拌粉→输送→挤压膨化→注芯→整形切断→输送→干燥→喷油→调味→包装

采用挤压技术加工以糙米为原料的糙米卷时，氨基酸、蛋白质、维生素、矿物质等添加剂可均匀地分配在挤压物中，同时，由于挤压膨化是在瞬间高温进行操作的，营养物质损失较小。

10. 目前在粮食表面杀菌灭酶处理方面有什么新型的加工技术？

粮食杀菌灭酶是粮食仓储及加工中必不可少的关键步骤，采用化学试剂如磷化氢等对粮食进行熏蒸处理是较为传统的做法，但药剂残留以及环境污染问题严重。微波、过热蒸汽等环保、无害的新型杀菌灭酶技术则受到青睐。

微波杀菌灭酶：微波是指波长为 1 米至 1 毫米（频率为 300 MHz～300 GHz）的电磁波。微波加热杀菌具有穿透能力强、节约能源、加热效率高等特点。目前在粮食加工领域中应用越来越广泛，如在燕麦片、燕麦米加工过程中经常用到微波杀菌灭酶。

过热蒸汽杀菌灭酶：当湿饱和蒸汽中的水全部汽化即成为干饱和蒸汽，此时蒸汽温度仍为沸点温度。如果对饱和蒸汽继续加热，使蒸汽温度升高并超过沸点温度，此时得到的蒸汽称为过热蒸汽。过热蒸汽灭酶技术具有物料受热均匀、加热速度快、营养素流失少等显著优点。

11. 半干法制粉在粮食制粉加工中有何优势？

粮食制粉加工方法主要有干法制粉、半干法制粉和湿法制粉。

采用湿法制粉工艺，原料需要经过较长时间的浸泡，从而造成营养物质的流失和有害微生物的大量繁殖，导致产品品质和安全性降低。此外湿法制粉过程中会产生大量的废水，造成环境污染。

干法制粉工艺与湿法制粉工艺相比，具有营养物质损失率低、无废水排放的显著优势。然而，干法制粉过程中，由于物料受到强烈的挤压、切割、搓撕等机械力的作用，造成产品破损，淀粉含量大大升高，影响产品质量。此外，干法制粉还会因为物料温度升高，导致粉质变性、色泽差等问题产生。

半干法制粉与以上两种加工方式相比，物料不需浸泡而是只需经过简单的冲洗，物料润水后进行磨粉，可降低由于机械力的作用导致淀粉颗粒的破损，获得可与湿法媲美的粉质物料。运用半干法制粉获得的谷物粉加工成制品，可提高产品质量，生产粉质、色泽、口感俱佳的产品。同时，半干法制粉避免了由于浸泡带来的营养物质的损失和微生物杂菌生长问题，减少了废水量，提高产品质量和稳定性，降低能耗，减少成本。

12. 生鲜湿面的工业化生产工艺是怎样的？

生鲜湿面是一种水分含量较高，未经熟化加工的湿面制品，该类型的面条弹性足、口感好。未经任何处理的生鲜面保质期短，易发生腐败变质和颜色变化。经过合理灭菌、抑菌或包装处理后生鲜面的保质期可得到明显提高。

主要生产工艺流程：

（面粉和变性淀粉＋保鲜剂＋水）预处理→真空和面→复合压延→恒温恒湿熟化→连续压延→切条→定条→杀菌→定量切断→包装→重金属检测→装箱

面粉作为生产生鲜面的主要原料，其质量优劣直接影响产品品质和保鲜效果。在相同的保藏条件下，初始带菌量高的面粉，其产品的带菌量增速繁殖和品质劣变往往更为明显。因此，在鲜湿面加工中要严格控制面粉的初始带菌含量。而生鲜湿面水分含量的高低，不仅影响面条的感官品质和食用品质，也会影响产品的水分活度，从而影响微生物的生长。水分含量适宜的产品，面条表面更加光滑、细腻、白亮，加水量过多或过少都会对面条色泽和口感产生不利影响。

和面过程则是影响生鲜面品质的重要工艺环节。先进的真空和面技术，可增强面粉的吸水性，促进水与其他成分的缔合，减少水分流动性，利于提高生鲜湿面的货架期。增加和面和熟化时间，有利于面筋充分吸水、提高面条质量。

传统的灭菌方式如高温蒸汽灭菌，由于会造成生鲜湿面糊化，从而无法应用于生鲜湿面的灭菌。因此可用微波法、臭氧法、紫外线等灭菌方法或者采用真空、气调包装提高生鲜湿面的货架期。

13. 真空和面技术对于面制品加工有何好处？

真空和面是原料粉进入和面机后在真空下加水搅拌，使水分以雾态与面粉接触，水分子充分浸润面粉颗粒，面筋蛋白吸水膨润形成面筋网络。真空和面有助于提高和面加水量，在设备允许的范围内加水率可达 45%，较普通和面技术增水 10%～20%（以面团轧面时不黏辊为限），最大限度地保证了面筋蛋白的吸水膨润、面筋的扩展形成，形成最佳的网络结构。同时真空和面与正常状态下和制的面团相比，面团游离水减少，不易浑汤，不易黏辊；小麦粉颗粒吸水均匀充分，面团色泽均匀，轧制的面片无色差，不起花；面团微粒分子间呈真空状态，空气间隔减少，提高了面团密度和强度，且生产过程中不易破皮、断皮、落条。

14. 生物酶对小麦粉加工品质有何影响？

生物酶是一类从动物、植物、微生物中提取的具有生物催化能力的蛋白质，具有高效专一的优点。生物酶制剂具有安全、高效、节能、营养健康等优点，随着消费者食品安全意识的提高，生物酶制剂成为主要的面粉品质改良剂。

面制品中常用的生物酶主要有葡萄糖氧化酶、木聚糖酶、脂肪氧化酶、脂肪酶、真菌 α-淀粉酶、谷氨酰胺转氨酶等。葡萄糖氧化酶可促进面筋蛋白形成较好的蛋白质网络结构，增强面团筋力；氧化面粉中含有胡萝卜素、叶黄素等植物色素，使面粉变白从而增加了面制品的色泽亮度。木聚糖酶可以改善面团的延展性、弹韧性，使发酵面制品的体积增大、结构改善。脂肪氧化酶通过氧化面粉中胡萝卜素的不饱和双键，使其变成无色来达到使面粉增白的效果。脂肪酶能提高制品白度，改善面团的组织结构。谷氨酰胺转氨酶改变面制品蛋白质可塑性、持水性和抗拉伸性等性能，进而改变面制品的质地和结构。真菌 α-淀粉酶水解淀粉，为酵母提供足够的糖源作为营养物质，从而保证面团正常连续发酵，改善发酵面制品内部孔隙结构。

15. 冷冻面团基本生产工艺是怎样的?

冷冻面团是将刚搅拌好尚未进行发酵的面团，或将基本发酵完成的面团或已经做好外形的面团，放入冷库中，待需要时再由冷库中取出，放置于常温下解冻，然后再进行发酵、整形和烘烤的一种低温制作过程。冷冻面团主要可以生产面包、面条、包子、馒头、蛋糕、饼干等。

以面包为例，冷冻面团主要工艺流程为：

搅拌→松弛→分割→滚圆→急冻→冷冻保存→运送→贮藏→解冻→醒发

冷冻面团制作面包的方法是将以往传统的连续操作分成了两部分来完成。首先制作出不同种类的面包坯后进行速冻，使面团的中心温度达到−20℃以下，并在−20℃的条件下冷冻贮藏，完成面包制作的前半部分工序；然后运送到面包店，经过解冻、成型发酵、烘烤，完成后半部分操作，最终生产出均一稳定的面包制品。其他面制品用的冷冻面团亦采用类似的方法加工，针对不同的最终产品面团的特性所采用的方法会有所不同。

16. 早餐谷物饮品基本生产工艺是怎样的？

早餐谷物饮品主要包括：米乳、糙米乳、燕麦乳、玉米浆、芝麻糊、坚果类饮品、杂粮类饮品等。主要生产工艺如下：

原料清洗→浸泡→烘烤→磨浆→浆渣分离→调配→均质→杀菌→灌装

清洗：生产谷物饮料时，所有原料都要进行清洗以除去灰尘、沙石等，为了达到更好的清洗效果，最好用流动水清洗。

浸泡：浸泡过程有助于激活谷物中的酶，并使其变软。浸泡程度同样也决定谷物的出品率，浸泡的时间视水温和谷物类型而定。

烘烤：在磨浆前进行烘烤是为了有效钝化谷物的脂肪酶和脂肪氧化酶。

磨浆：将谷物彻底碾磨成一定细度的浆液，使得谷物成分分散到水中。

浆渣分离：采用离心机或者过滤膜将浆液中的不溶性大颗粒去除以获得良好的口感。

调配：将辅料、稳定剂、营养强化剂等物质复配入饮料中。后续通过均质、杀菌、包装获得成品。

17. 膨化玉米粉是如何加工的？

膨化玉米粉是将优质玉米经高温、高压挤压膨化，再经深加工而制成的粉状产品。主要加工工艺为：

玉米原料选取→清理→剥皮→破碎→提胚→精制→膨化→粉碎

原料选取：多选用黄色或白色玉米，严格控制杂质和水分含量（杂质≤3%，水分≤14%），且无霉变等变质问题。

清理：主要目的是去除金属物质、石子、泥块等杂质，并用孔径 6 毫米的筛子过筛，去掉小颗粒玉米和泥土。

破碎：采用粉碎机将玉米粒粉碎为一定粒度的颗粒，大小一般为 1.5～3 毫米，不宜太大。

提胚：采用组合式风筛、提胚机提取胚芽或采用振动筛分离出胚芽。

精制：通过砂辊米机对分离出的玉米粒进行精制，进一步磨成粒度更细的玉米粉，要求玉米粉中不含有玉米皮和玉米胚。

膨化：采用螺杆挤压机将玉米粉进行膨化。膨化前先将玉米粉进行调质处理，使水分含量达到 16%左右。

粉碎：将膨化后的玉米粉块小颗粒经磨粉机磨碎，经筛分即得到膨化玉米粉。

18. 玉米淀粉是如何加工的？

玉米中淀粉含量高达 70%以上，且价格低廉，被视为生产淀粉的理想原料。玉米淀粉的主要加工工艺为：

玉米清理→浸泡→脱胚→胚体胚芽分离→细磨→淀粉浆→淀粉分离→脱水→烘干

清理：选用干净、无霉烂、含水量小于 14%的玉米为原料，用三层振荡筛振荡筛选，去掉尘土和杂质，使玉米粒的净度达到 98.5%以上。

浸泡：先用清水将玉米籽粒冲洗干净，再入池浸泡 72 小时，浸泡水中加入适量的亚硫酸钠（约 0.2%），促进软化。

脱胚：将软化的玉米粒送入立磨中进行粉碎，使玉米胚和胚乳分离，再将胚乳送入卧磨粉碎成浆。

淀粉分离：将玉米胚浆及时送入流板沉淀 4 小时，得到湿玉米淀粉。剩下的黄浆可用作提取蛋白。

烘干包装：将湿淀粉送入刮刀式烘干机上，烘烤 4 小时左右即得干淀粉。

19. 以玉米为原料可加工哪些变性淀粉？

以玉米为原料可加工玉米热液处理淀粉、氧化淀粉、醋酸酯淀粉、交联和羟丙基改性淀粉等（李爱江，2010）。

玉米热液处理淀粉：指在过量或中等水存在情况下（含水量≥40%），在一定的温度范围（高于玻璃化转变温度但低于糊化温度）处理淀粉的一种物理方法。热液处理的过程只涉及水和热，没有使用有机溶剂和化学试剂，纯天然无污染，是一种绿色的淀粉改性方法。

玉米氧化淀粉：淀粉在酸、碱或中性介质中与氧化剂作用而生成的产品。通常使用的氧化剂为次氯酸钠和次氯酸钙。淀粉经氧化处理后，淀粉糊黏度降低，流动性高，透明度增加，凝沉性较弱，表现出良好流动性、成膜性。

玉米醋酸酯淀粉：淀粉于水相体系碱性条件下与醋酸酐作用而生产的一种变性淀粉，是变性淀粉的重要类型，在食品中的主要用途是增稠。此类淀粉对酸、碱、热稳定性高，透明度高，凝沉性低。

交联和羟丙基改性玉米淀粉：交联和羟丙基改性是淀粉化学改性的重要方法，但是用交联和羟丙基改性无法兼顾黏度稳定性和冻融稳定性，两种改性方法结合起来得到的复合改性淀粉兼具黏度稳定性和冻融稳定性（扶雄等，2007）。

20. 淀粉糖是如何生产的？

淀粉糖是以含淀粉的粮食、薯类等为原料，经过酸法、酶法或酸酶法制备的糖类物质，主要有液体葡萄糖、结晶葡萄糖、麦芽糖浆、麦芽糊精、果葡糖浆等。

液体葡萄糖生产工艺流程：淀粉调浆→糖化→脱色→过滤→离子交换→结晶→浓缩

结晶葡萄糖生产工艺流程：淀粉调浆→糖化→脱色→过滤→离子交换→结晶→离心分离→干燥→结晶葡萄糖（结晶固化）→浓缩（干燥）→喷雾干燥（粉碎）

麦芽糖浆生产工艺流程：淀粉调浆→液化→糖化→过滤→浓缩

麦芽糊精工艺流程：淀粉调浆→液化→灭酶→脱色过滤→真空浓缩→喷雾干燥

果葡糖浆工艺流程：淀粉调浆→液化→糖化→脱色过滤→离子交换→异构化→脱色过滤→离子交换→浓缩→制备42%果葡糖浆→吸附分离→获得90%果葡糖浆

21. 燕麦新型制粉与传统工艺有何异同？

燕麦制粉的传统工艺：燕麦籽粒清理→洗麦→润麦→炒制→清理→研磨

燕麦现代工艺制粉工业生产线由四部分组成：毛粮清理、净粮清理、炒制冷却、制粉。

传统工艺和现代工艺相同之处是都需进行清理、洗麦、润麦、炒制、研磨等处理。不同之处在于传统工艺制粉产量小，主要采用人工清理，是间歇式生产；现代工艺是机械化生产，形成连续化生产线，产量较大。并且在传统工艺中从谷糙分离筛中分离出来的带颖燕麦和大燕麦直接被作为饲料，但在现代制粉工艺中此类物质可返回清理系统再次清理，以提高原料的利用率。此外，现代制粉工艺相较于传统制粉工艺，在加工过程中加入了冷却环节，用以降低从蒸炒锅中出来的物料温度，为下一阶段的制粉做准备。

22. 低温螺杆挤压技术在粮食加工中有何优势？

挤压食品是将谷物原料的配料混合、破碎、蒸煮、灭菌、成型和部分脱水等工序，集中在一台螺杆挤压机中完成。与传统谷物食品加工方式相比，设备的种类、数量和占用面积减少，生产成本降低。

在挤压过程中物料温度一般达到 180～200℃，但滞留于高温的时间很短（5～10 秒）。挤压使淀粉糊化、蛋白质变性，食品的消化性增加，同时还能钝化导致食品劣变的酶的活性，灭菌和去除原料中不良味道。但另一方面，高温挤压对于粮食制品中的维生素等营养成分造成一定程度的破坏。

低温螺杆挤压一般是指在挤压温度不高于 80℃的条件下对物料进行挤压成型。低温螺杆挤压技术由于能够最大限度地保持粮食制品中的功能成分，具有挤压品质量好、节约能耗、生产效率高等优点。

目前，我国运用低温螺杆挤压技术生产营养强化米、杂粮通心粉等逐渐替代传统高温挤压的同类产品。但是，低温挤压技术对于物料的物质组成和配比相对于高温加压要求更为严格，需要通过研究，对产品进行合理设计才能生产出兼顾食用品质和营养品质的产品。

23. 冷冻粉碎技术对于杂粮制粉加工有何意义？

冷冻粉碎技术是将冷冻和粉碎相结合，使食品原料在低温冻结状态下进行粉碎的技术。物料在低温状态下脆性和硬度较高，韧性和塑性较低，在低温冻结状态下粉碎物料所需要的力就远远小于常温或高温状态。冷冻粉碎后的食品原料，色、香、味并未受影响，活性物质也不受损害，使人体吸收更多的各种营养成分和微量元素。高脂、高糖的杂粮作物特别容易受温度变化影响，在常温粉碎时，粉碎过程中摩擦产生热量，物料加热后常会出现软化、熔融现象，导致物料极易在粉碎室腔体内附着粘连，造成筛网和管道堵塞，清理困难，粉碎效果和效率均不佳。通过冷冻粉碎技术，使物料中的油脂、糖分和水分在低温条件下呈现晶体状态，避免物料软化变形，提高了粉碎效率。

24. 真空冷冻干燥技术在杂粮制品加工中的应用是怎样的？

真空冷冻干燥简称冻干，是将湿物料或溶液在较低的温度下冻结成固态，然后在真空下使其中的水分不经过液态直接升华成气态，最终使物料脱水的干燥技术。真空冷冻干燥包括有干燥系统、真空系统、制冷系统、加热系统及控制系统等。

真空冷冻干燥工艺流程：预处理（原料→选品→清洗→分割）→冻结→升华干燥→真空包装

冻结和升华干燥是加工的关键工序。在真空冷冻干燥过程中，由于食品在低温、缺氧和避光条件下失去水分，干燥后的食品基本上保持了原有新鲜食品的形态、色泽、基本风味，有效地减少干燥过程中的营养成分的损失，最大限度地保持原有的营养成分。

25. 超微粉碎技术在粮食制品加工中有何应用？

超微粉碎技术是利用机械或流体动力的方法克服固体内部凝聚力并使之破碎的粉碎技术，可以使物料的粒度达到 10 微米以下，甚至达到 1 微米的超微米水平。物料颗粒的微细化使粉体的表面积和孔隙率增加，从而使超微粉体具有良好的吸附性、溶解性、分散性等，满足现代食品生产的物料微细化要求。超微粉碎应用于谷物及其副产物加工中可以改善谷物的加工特性、提高副产物的利用率、提高机体对谷物中营养成分的吸收、降低加工生产中的污染。但在实际生产中超微粉碎的粒度要根据实际情况确定，一味追求过小的粉碎粒径，反而有可能会对产品品质造成不良影响（韩雪等，2016）。

26. 谷物类饮料的工业化加工工艺是怎样的？

谷物饮料是指以谷物为主要原料加工而成的饮料产品，主要分为调配型谷物饮料和发酵型谷物饮料。发酵型谷物饮料既保存了谷物饮料原有的营养价值，又具有益生菌发酵制品的有益作用，风味良好、口感独特。大米、燕麦、薏米、大麦、小麦、玉米等均为生产谷物饮料的优质原料。

调配型谷物饮料加工工艺流程：原料浸泡→漂洗→破碎→糊化→酶解→调配→均质→灌装→杀菌→冷却

发酵型谷物饮料加工工艺流程：原料浸泡→漂洗→破碎→糊化→酶解→过滤→冷却→接种→发酵→调配→均质→灌装→杀菌→冷却

制作谷物饮料时要注意选择颗粒饱满、无虫蛀、无霉斑的谷物原料，事先去除原料中的沙粒、石子等异物。谷物的破碎可以采用磨浆或粉碎方式。磨浆即加一定量的水，采用磨浆机将谷物磨成细浆；粉碎则采用相应的粉碎机进行工作，使其能过 40 目以上的筛。谷物糊化后，必须进行液化，使糊化液中直链淀粉分子被剪切成低聚糖和糊精等物质；而在生产某些谷类饮料尤其是发酵型谷类饮料时，为使淀粉能被微生物利用，还需进一步将糊精转化为葡萄糖。调配时，常需加入一定量的白砂糖、柠檬酸调节口感。此外，为保证谷物饮料的稳定性，一般会添加一定量的复配稳定剂。

27. 粮食加工副产物在利用时为什么要进行稳定化处理？

粮食加工副产物包括麸皮、米糠、胚芽等。这些副产物中含有丰富的蛋白质、脂类、维生素和矿物质等，由于水分含量较高，微生物容易繁殖，造成副产物品质下降。此外，由于酶活力较强，不仅会出现结块、霉变、发酵等变质现象，还会导致其脂肪酸大幅升高，造成酸败，散发难闻味道。这些不稳定性因素给粮食副产物的储存、运输带来极大困难，无法实现大规模工业化精深加工。因此，工业生产中必须要对这些副产物进行稳定化处理，从而有效抑制和钝化酶活，同时最大限度地保持其营养成分，达到延缓裂变，提供储存性能的目的。工业上常采用的稳定化处理方法主要包括：高压蒸汽处理、常压蒸汽处理、热风干燥处理、微波加热处理、远红外热处理、焙烤、挤压膨化、脱脂处理等。

28. 小麦加工副产物综合利用状况如何？

小麦加工副产物主要分为三大部分，即麦胚、麦麸和次粉。目前这三种加工副产物在产业中均得到了一定程度的利用。

麦胚含有丰富的蛋白质和维生素 E，是天然的营养源。麦胚在制粉时进入麦麸和次粉中，通过提胚的手段，可以得到纯度较高的麦胚。麦胚的利用比较初级的产品是麦胚片和麦胚粉。麦胚蛋白的利用主要集中在制备麦胚分离蛋白和生产麦胚蛋白饮料两方面。此外，还有将麦胚蛋白水解制取氨基酸、从麦胚中提取胚芽油等。

麦麸中富含纤维素、半纤维素、木质素，是构成膳食纤维的成分。利用麦麸时可以直接粉碎后，制作麦麸面包或麦麸饼干等食品。此外，麦麸中的戊聚糖是膳食纤维的主要成分，具有较高黏度、高吸水、高持水及氧化胶凝等性质，同时具有良好的润肠通便、降血脂、抗结肠癌、抗肿瘤、免疫增强等多种生理功能，通过分离提取用于功能食品配料等领域具有良好的前景。

次粉中蛋白质和脂肪较高、粗纤维较低，具有较高的能量和营养价值，一般作为良好的饲用资源。

29. 大米加工副产物综合利用状况如何?

大米加工副产物主要有稻壳、米糠、米胚、碎米,随着我国副产物利用方面的科技的进步,我国大米加工副产物综合利用率稳步提高。

稻壳含有丰富的木质素、戊聚糖和二氧化硅等成分,是制备白炭黑、活性炭等的良好原料;稻壳中还富含多种维生素、酶以及膳食纤维,对促进皮肤的新陈代谢有重要作用。日本一些企业利用稻壳制造出的香皂、化妆水及化妆品,受到了女性消费者的欢迎。另外,稻壳还可以用于燃烧发电和稻壳制板等。

米糠是糙米碾米过程中被碾下的皮层及少量米胚和碎米的混合物。米糠可用于榨取米糠油。米糠油富含不饱和脂肪酸,还含有维生素 E、角鲨烯、活性脂肪酶、谷甾醇、甾醇、豆甾醇和阿魏酸酯抗氧化剂等对人体有益的成分。脱脂米糠还可以用来制备植酸、肌醇和磷酸氢钙等。

全脂米胚可单独作为一种产品,还可以制取米胚粉、脱脂米胚等产品。米胚产品还可以作为食品的添加物,制作如胚芽蛋糕、胚芽面包、胚芽面条、胚芽饼干等食品。也可用于制取米胚油,米胚油是天然维生素 E 含量最高的油品,且富含谷维素和植物甾醇。

碎米综合利用时主要是考虑到米蛋白的低过敏性、高营养性、强消化性,将碎米经酶处理生产蛋白质含量高达 20%～50%的米粉食品,特别适合用作婴儿断奶食品。利用碎米还可以用作发酵工业的原料、制作米粉等。

30. 玉米加工副产物综合利用状况如何?

玉米加工具有较多的副产物,包括胚芽、玉米浆、玉米皮、麸质、玉米芯。

胚芽是玉米淀粉及酒精工业的副产物，其中脂肪含量高达40%～50%（按干物质计），是一种丰富的油料资源。玉米胚芽油，其脂肪酸组成中80%以上是油酸、亚油酸和亚麻酸等不饱和脂肪酸，不含胆固醇，且富含维生素E，具有防止动脉粥样硬化病变和抗衰老作用，具有较高营养价值；榨取胚芽油得到的糠饼可用作饲料。脱脂玉米胚中植酸含量达3%～6%，也是制备植酸的良好原料。

玉米浆可作为发酵培养基用于抗生素和味精等的生产，还可用于饲料蛋白、菲丁及肌醇的制取。

玉米皮是玉米籽粒的种皮部分，是膳食纤维的良好来源，也常常用作生产酒精或柠檬酸的原料，还可用于生产饲料。

麸质是玉米湿法生产淀粉过程中淀粉乳经分离机分离出的沉淀物。目前对玉米麸质的利用主要是制备醇溶蛋白和活性肽。

玉米芯纤维素占32%～36%，多缩戊糖占35%～40%，木质素占25%，是用途广泛的可再生资源，可用其制备木糖醇和乳酸。

31. 新型食用油有哪些可以开发利用的谷物油脂？

除了传统的大豆油、花生油外，新型实用油脂资源如米糠油、谷物胚芽油、燕麦油等已逐步得到开发并上市销售。

米糠油是从碾米后的稻谷米糠中所提取出来的一种油脂，主要来源是稻谷的胚芽部分。米糠油具有熔点低，耐低温性好，贮存时间长，高温煎炸色泽仍不变等优质品质。同时米糠油富含油酸、亚油酸等成分，可作为人们生活食用的良好油脂，且提取成本低，是非常好的植物油脂。常见的谷物胚芽油有小麦胚芽油、大米胚芽油以及玉米胚芽油。

小麦胚芽油是以小麦胚芽为原料制取的一种谷物胚芽油。它集中了小麦的营养精华，富含维生素E、亚油酸、亚麻酸、甘八碳醇及多种生理活性组分，是宝贵的功能食品，具有很高的营养价值。

大米胚芽油是从大米胚芽中萃取出的一种油脂，含有丰富的维生素 E、亚油酸、谷维素、植物甾醇等营养物质，维生素 E 含量高于小麦胚芽油，属于优质保健植物油。

玉米胚芽油是从玉米胚芽中提炼出的油脂，富含人体必需的维生素 E 和不饱和脂肪酸，如亚油酸和油酸等，对心脑血管有保护作用。

燕麦虽然不属于油料作物，但其脂肪含量远高于其他谷物。燕麦中的脂肪属于优质脂肪酸，棕榈酸、油酸和亚油酸占总脂肪酸含量的 95% 以上。燕麦油中富含多种抗氧化成分，具有清除自由基功能，同时还可提高燕麦油自身的抗氧化能力，减缓酸败的发生。

32. 谷物蛋白有哪些新的开发利用途径?

谷物蛋白质大多以其天然形式用于大宗食品，例如面包、米饭、快餐食品及动物饲料。以前只有少量谷物蛋白质被加工成浓缩蛋白和分离蛋白。现在对谷物蛋白的利用有很多新的途径，例如开发复合谷物饮料、开发食品添加剂、制备蛋白活性肽、制备可食性涂膜等。

复合谷物蛋白饮料是以复配谷物预制粉为主要原料，经磨浆、均质、调配、灭菌、无菌包装制成的具有相应风味的饮料。其口感清爽，谷物蛋白含量较高，营养丰富均衡，能与牛奶相媲美。

利用谷物蛋白开发食品功能性配料，不仅有利于改善食品加工性能，还可提高食品的营养价值。例如采用生物技术制备的改性米糠蛋白，提高蛋白原料的溶解度和乳化性还可以作为增香剂应用于食品工业；面筋蛋白用于冷冻肉糜制品中，可防止加热烹调中脂肪和肉汁流失。

谷物蛋白经水解后可产生具有一定生理活性的功能性肽段，其安全性高，无毒副作用。目前已报道的功能性肽段的功能包括降血压、降血栓、类吗啡及类吗啡拮抗、肠道调节、抗氧化等。

利用谷物蛋白可制备可食用膜材料，能有效防止食品成分氧化、失水及风味散失。例如以面筋蛋白为基质制备的半透明状膜材具有韧性好、隔绝氧气和二氧化碳能力良好的特点；利用玉米醇溶蛋白则可制备成透明、质地柔软均匀的保鲜薄膜，其具有韧性强、溶解速度快、保水性和保油性能良好的优点。

五、 粮食及其制品质量安全问答

1. 什么是粮食质量?

粮食质量包含两个层面的含义:一是粮食的基本组成成分及含量,如水分、灰分、蛋白质、脂类、碳水化合物、维生素、微量元素等,成分与含量的差异决定其营养价值的高低;二是粮食的品质特征,如成熟度、淀粉分子的结构、蛋白质的质量、酶的活性等,品质特征决定粮食的食用品质和加工品质。评价粮食质量的标准,需要根据不同目的和要求,确定检测指标,进行科学检测并作出综合评价。

2. 粮食及其制品的质量标准有哪些?

截至 2015 年年底,我国粮食相关产品质量标准(包括术语定义标准)达到 214 个。这些标准中强制性国家标准数量较少,仅为 13 个,主要涉及水稻、大米、小麦、小麦粉、玉米、大豆、马铃薯等主粮和粮食作物种子;推荐性国家标准 70 个。行业标准较多,其中推荐性农业行业标准 65 个、推荐性其他行业标准 48 个,主要涉及各类专用玉米、小麦、稻谷、小宗粮豆、饲料、种薯、专用小麦粉、粮食加工食品、副产品、绿色食品以及相关术语等(孙丽娟等,2016)。从作物种类来看,不同品种产品质量标准基本平衡,小麦和食用豆的加工品种类较多,水稻和玉米的专用品种种类略多，其他作物产品标准数量基本一致。

3. 什么是粮食的陈化？

粮食的陈化是粮食颗粒内部的生理变化，主要表现为粮食随着储藏时间的延长，酶的活性减弱，呼吸作用减弱，原生质体结构松弛，物理化学性质发生改变，从而导致可利用品质和食用品质下降的现象。

粮食的陈化属于粮食本身生理变化产生的自然现象，无论有胚与无胚的粮食均会发生。但含胚粮食的陈化，不仅会导致品质下降，同时会出现生活力降低的情况。而对于不含胚的粮食的陈化，无生活力变化，主要会发生粮食品质的下降。大米的陈化是典型的无胚粮食陈化。粮食陈化速度由粮食本身的遗传因素决定，如小麦、绿豆陈化速度慢，稻谷、玉米陈化速度快。大米的陈化以糯米的陈化速度最快，粳米次之，籼米最慢。除小麦外，大多数粮食储藏一年，便会发生不同程度的陈化。小麦储藏一年，不但种用品质稳定，而且工艺与使用品质也逐渐改善。成品粮比原粮更易发生陈化。粮食本身质量也决定陈化速度，籽粒饱满的陈化速度慢。此外，粮食存放的条件，如粮堆的温度和湿度、粮堆中的杂质、微生物、病虫害和气体成分等因素也会影响陈化速度。

4. 如何降低和预防粮食的酸败？

粮食的酸败是由脂肪的水解或氧化引起的。酸败会产生难闻的气味，俗称哈喇味。理化性质上表现为酸价和过氧化值上升、碘值下降等。

碾米、制粉等加工过程加速了脂肪酶水解脂肪形成游离脂肪酸，同时也促进了脂肪氧化酶对以油酸和亚油酸为主的多不饱和脂肪酸的氧化，影响谷物的营养品质和食用品质。

在生产上，对油脂含量较高、酶活力旺盛的谷物及其副产物，如燕麦、青稞、糙米、麦胚、米糠等通过不同的处理技术降低酶的活力，可抑制酸败的发生。常见的技术有传统的热处理（热风干燥、湿热蒸汽处理、炒制），以及新型的螺杆挤压技术、微波灭酶、红外灭酶等。在生产过程中，还应加强工艺管理，避免光、热、水、氧的综合影响。在包装、储藏、运输过程中应注意防潮、防晒、加强通风等。

5. 粮食及其制品如何预防霉变？

粮食及其制品在储藏过程中容易发生霉变，可以通过提高粮食入库质量、改善仓储环境条件等措施预防。具体做法：入库储藏的粮食，质量要达到干、饱、净，以增强抗霉能力，入库时，要做到储粮"五分开"（种类分开、等级分开、干湿分开、新陈分开、有虫无虫分开）；改善仓储环境条件，粮食入库前要做好仓内清洁消毒及铺垫防潮工作，做好仓外清杂排污工作，争取达到仓内面面光，仓外"三不留"（不留杂草、不留污水、不留污物）；加强管理，根据季节的变化，结合仓内外温湿度的具体情况，适时通风和密闭，及时散发粮堆内的湿热及减少外界湿热空气渗入粮堆；采用先进的储藏技术，如目前普遍采用的机械通风干燥储粮、"双低"（低氧、低药剂量）储粮、"三低"（低温、低氧、低药剂量）储粮等方法，都能有效地防止发热霉变；做好发热霉变的预测工作，经常检测粮食水分、温度的变化和粮质情况，分析虫、霉的活动趋势，及时发现问题，及时处理（李晶波，2012）。

6. 粮食上真菌毒素的来源有哪些？

真菌毒素是真菌的次级代谢产物，也叫霉菌毒素，它是由一些霉菌在一定环境条件下产生的对人畜有毒害作用的物质。人误食带有真菌毒素的粮食，动物误食带有真菌毒素的饲料，会发生中毒现象，或称为真菌毒素中毒症。《食品安全国家标准粮食》（GB 2715—2016）规定了粮食限量指标的真菌毒素有黄曲霉毒素 B_1、脱氧雪腐镰刀菌烯醇、赭曲霉毒素 A 及玉米赤霉烯酮。

粮食上真菌毒素的产生原因主要有：一是粮食作物在田间生长期间被污染，如赤霉病等；二是在收割季节，粮食未及时干燥，霉菌大量繁殖；三是粮食在运输时和储藏过程中，由于遭受雨淋或环境的温湿度影响而发生霉变，产生真毒素。一般情况下，粮食的含水量超过安全水分时，在适合的温度和湿度下，3～5 天便会产生大量的毒素，7～10 天毒素达到高峰。这种现象在我国南方和长江流域较为常见。

7. 什么是最大残留限量，粮食上哪些农药有残留限量？

最大残留限量又称最高残留限量或允许残留量，简称 MRL（Maximum Residue Limit）。MRL 是指法律允许的在食物、农产品或动物饲料所含的可接受的农药最大残留限量，它由农药残留法典委员会（CCPR：Codex Committee on Pestici Resicues）以及农药残留专家联席会议（JMPR：Joint Meeting of Pesticide Residues）审议通过。《粮食卫生标准》（GB 2715—2005）规定了限量指标的农药有磷化氢、溴甲烷、马拉硫磷（大米）、甲基毒死蜱、甲基嘧啶磷（小麦、稻谷）、溴氰菊酯、六六六、林丹（小麦）、滴滴涕、氯化苦、七氯、艾氏剂、狄氏剂、其他农药（按 GB 2763 的规定执行）。检查分析发现样品中药物残留高于最高残留限量，即为不合格产品，禁止生产出售和贸易。

8. 稻谷产生黄粒米的原因和影响有哪些？

黄粒米是指胚乳呈黄色，与正常米粒色泽明显不同的米粒。黄粒米的存在严重影响稻米的食用品质和商品外观。根据国家标准《大米》（GB /T 1354—2018）中的规定，黄粒米的含量不能超过 1%。

产生黄粒米的原因主要是在稻谷经采收后未及时脱粒干燥，并直接带穗堆垛储存导致的。湿度较高的稻谷在通风不佳的情况下储藏，微生物很容易滋生，引起堆垛发热形成黄粒米。一般当稻谷水分含量达到 18% 以上、气温在 25℃ 左右时，堆放 1 周便会产生约 10% 的黄粒米。稻谷的水分含量越高，存放过程中发热的次数越多，越容易形成黄粒米，黄变也更为严重。由于晚稻收获时气温低、阴雨天多，故晚稻发生黄粒米的情况一般比早稻严重。

稻谷产生黄粒米后，营养价值降低，食用品质变差，影响米饭的色、香、味，而且影响商品外观价值；黄粒米粒面可溶性物质较正常米粒丰富，提供了霉菌生长、繁殖所需的营养源，因此高水分黄粒米比正常稻米更容易受到黄曲霉的侵染，并且侵染快，产毒量高，会带来食品安全隐患。

9. 如何控制粮食制品中黄曲霉毒素超标？

黄曲霉毒素是黄曲霉和寄生曲霉的次级代谢产物。黄曲霉毒素中毒的症状一般为发烧、呕吐、厌食、黄疸、腹水、下肢浮肿等，情况严重时会出现暴发性肝功能衰竭和死亡。黄曲霉毒素热稳定性强，常规的食物加热条件下不易分解。容易受黄曲霉污染的粮食制品主要有玉米、大米、小麦、大麦、豆类及其制品等。

导致黄曲霉毒素超标的主要原因是粮食作物在田间生长时被黄曲霉等产毒菌浸染，在一定的气温和湿度等条件下繁殖并产毒；或未经充分干燥，在储藏期间产生大量毒素。实际生产中可通过以下措施控制：

一是提高粮食入库的品质。通过改进粮食种植和收获方法，防止田间感染，适时收获，减少破损粒，控制水分，及时晒干扬净等措施，提高入库粮食的品质。大多数霉菌生长的最低水分活度为 0.73～0.94，而黄曲霉生长的最低水分适度为 0.80，因此要将粮食水分活度避开这一范围。在收获时，可通过日晒、风干、烘干或采用远红外线干燥、微波干燥等技术降低水分含量。

二是保持粮库清洁干燥，并安装通风设备。根据粮温、库温及湿度采取降温降湿措施。密闭贮粮可调节粮堆的氧气至 0.2%以下，或在粮堆中通二氧化碳或氮气，起到抑制霉菌生长繁殖、延长粮食储藏期的作用。

三是采用物理、化学、生物的方法消减黄曲霉毒素。物理法可通过机械分选、色选、密度分选、碾磨、吸附剂、热处理、辐照等方法减少毒素含量；化学法可通过使用臭氧等方式抑制黄曲霉毒素，但要严格限制臭氧的浓度，控制其残留量不超过国家标准；生物法包括微生物吸附法和降解法，主要采用细菌、放线菌、酵母菌、霉菌菌丝体等微生物吸附黄曲霉毒素，或通过某些酵母等真菌和放线菌、黄杆菌等细菌降解黄曲霉毒素。实际生产中，需综合不同方法的利弊，采用高效、安全的黄曲霉消减技术，才能最大限度地控制粮食制品中黄曲霉毒素超标的问题。

10. 全谷物面临的质量安全问题有哪些？

全谷物及其制品由于原料的特殊性，可能存在重金属污染、真菌毒素污染、农药污染等潜在质量安全问题（唐瑞明，2012）。

粮食生产中重金属污染主要发生在生产环节。生产粮食的土壤和灌溉用水受到污染后，土壤中的重金属通过粮食作物植株的吸收，在粮食中大量累积。工业"三废"的排放、农田施用的化肥与农药等农用化学品、生活和工业固体废弃物、大气污染尘埃物以及污水灌溉均能造成土壤污染。

粮食作物易受污染的真菌毒素主要有黄曲霉毒素 B_1、脱氧雪腐镰刀菌烯醇、玉米赤霉烯酮和赭曲霉毒素等，这些真菌毒素可在粮食作物生长期间产生，也可因收获前不良气候条件或收获前后管理不善而形成，还可在储藏过程形成和累积。从国内外有关研究情况来看，粮食在田间或收获季节，如果遇到适合真菌侵染的天气，曲霉、镰刀菌霉等真菌就会快速生长和产毒。另外，粮食收获后，没有及时进行干燥，感染了曲霉、镰刀菌霉等真菌的高水分粮食，也会出现严重的真菌毒素污染问题。

粮食作物在生长期间，因疫情、气候导致病虫害严重发生，从而使用大量农药，还有个别生产者滥用、频繁施药、超剂量施药，或者超安全期、超范围使用违禁药物，如甲胺磷、六六六等，因粮食作物植株吸收累积，造成直接污染。粮食在储存环节，将杀虫药剂直接喷洒在粮食上，导致化学药剂残留严重超标，这种情况较少见。

11. 在生产加工中如何延长全麦粉的货架期？

全麦粉的货架期比普通面粉要短很多，在生产中可以通过冷藏、物理热处理等方法延长其货架期。

冷藏法：全麦粉在储藏过程中脂类物质的降解是产品质量降低的主要原因，脂类的降解可通过冷藏减缓速度。

物理热处理法：控制全麦粉酸败最有效的方法就是抑制脂肪酶的活性，这是抑制脂质降解的第一步，该方法也能抑制氧化酸败过程中产生氧合酶反应的底物。许多热处理被应用于抑制全麦粉中脂肪酶的活性，且由于脂肪酶主要集中在麦麸上，全麦粉的储藏稳定性的改善方法也主要集中在麦麸的稳定化。为了提高生产效率、保持全麦粉的品质，实际生产中一般采用将麦麸与面粉分离后，对麦麸进行热处理并以适当的比例将其回填到面粉中的方法来制备全麦粉。国内企业常用的物理热处理方法主要有干热法、微波加热法和挤压膨化法。

此外还可采取乙醇汽蒸处理法处理全麦粉，或采用气调包装和添加抗氧化剂延长货架期。

12. 如何解决留胚米保质期短的问题?

在一定的条件下,留胚米会因保留胚较多而出现微生物繁殖的现象,影响品质。在留胚米加工过程中,为避免米粒再次污染降低品质,其加工工序都应符合食品加工的卫生标准。例如,将擦米后的工序单独设立房间,设备间溜管采用不锈钢材料,各房间的基础设施及生产人员在生产过程中的操作应遵守食品卫生标准。

此外,可通过合理科学的包装方式,如用真空包装、充气包装来延长留胚米的保质期。真空包装是把适量的米装入具有一定气密性和耐压性的塑料袋后,将袋内空气抽出至预定真空度后进行封口的包装方式。由于在真空无氧条件下,米粒中的霉菌与好氧细菌等微生物不能繁殖,从而使留胚米的品质保存较好。充气包装是指将氮气、二氧化碳等充入装有适量米的复合薄膜塑料袋内后密封的包装方式。充气后,米粒的呼吸作用受到抑制,可有效防止留胚米中营养物质的流失,保持米的优良品质。这两种包装具有较好的抗压防潮性,方便运输储藏,在高温环境中米的品质也能较好地得到保持。

13. 如何通过现代加工技术延长鲜湿米粉保质期?

鲜湿米粉营养丰富、水分含量高,在常温条件下,尤其是夏季易滋生大量微生物,发生腐败变质。通过一定的食品加工技术,如添加保鲜剂、真空包装、微波杀菌可使鲜湿米粉保质期达到1年。

添加保鲜剂:采用单一或复合保鲜剂,并通过酸度调节,可有效延长鲜湿米粉的保质期。常用的鲜湿米粉保鲜剂有双乙酸钠、苯甲酸钠、山梨酸钾、丙酸钠、丙酸钙以及天然防腐剂等。

真空包装：通过提供低氧环境，有效抑制微生物的生长繁殖，控制微生物污染，是食品保藏的重要手段之一，应用广泛。随着行业的发展，鲜湿米粉的品类不断增加，采用真空包装的小型包装即食湿米粉、方便湿米粉等在市场上逐渐增多，其保质期较散装鲜湿米粉有了明显的提升。

微波杀菌：该方法是将食品材料用微波进行处理，以达到消灭食品中腐败致病菌的技术。微波加热时食品自身即为加热体，内外同时升温，无须热扩散过程。与常规加热灭菌相比，微波杀菌能在较低的杀菌温度和较短的时间内达到高温瞬时灭菌的效果，减少了对食品中营养成分和风味物质的热破坏。

14. 什么是有机食品、绿色食品、无公害产品？

有机食品通常指在生产过程中不使用农药、化肥、生长调节剂、抗生素、转基因技术的食品。有机食品的生产原料必须源于天然，并且在生产、加工环节严格禁止使用化学合成的农药、化肥、激素、抗生素，禁止使用基因工程技术及该技术的产物及其衍生物。

绿色食品是我国政府主推的认证农产品，它是普通食品向有机食品发展的一种过渡产品，分为 A 级绿色食品和 AA 级绿色食品。A 级绿色食品生产中允许限量使用化学合成生产资料，而 AA 级绿色食品比 A 级绿色食品的要求更加严格。

无公害食品是指产地环境清洁，按照特定的技术操作规程生产，将有害物含量控制在规定标准内，并由授权部门审定批准，允许使用无公害标志的食品。无公害属于对食品的基本要求，一般普通食品都应达到该要求。

15. 食品质量安全市场准入标志"SC"是指什么？

食品质量安全市场准入标志"SC"是由原国家质检总局统

一制定的食品质量安全市场准入标准的式样和使用办法。我国原食品质量安全市场准入标志以"QS"（"质量安全"的英文名称Quality Safety 的缩写）表示。自 2015 年 10 月 1 日起，正式启用新版食品生产许可证，即"SC"。已有食品质量安全生产许可证的企业所生产的食品，在出厂检验合格后、待出厂销售前，必须将由国家统一制定的食品质量安全生产许可证编号与食品质量安全市场准入标志标明或者印贴在其最小销售单元的食品包装上。

《食品生产许可管理办法》规定，食品生产许可证编号应由SC（"生产"的汉语拼音字母缩写）和 14 位阿拉伯数字组成，有效期从 3 年延长至 5 年。许可证载明的事项包括日常监管机构、日常监管人员、投诉举报电话、签发人、可查相关资料的二维码等信息，副本还要载明外设仓库。"SC"体现了食品生产企业在保证食品安全中的主体地位，监管部门从只负责发证，变成了事前事中事后的持续监管。

16. 从事粮食及其制品加工的主体在发生食品安全事件时负有哪些责任或义务？

从事粮食及其制品加工的加工企业或生产企业，凡涉及食品安全问题，均应当制定食品安全事故处置方案，定期检查安全防范措施的落实情况，及时消除事故隐患；成立食品质量安全事故应急处理小组，必须由企业的法人代表全面负责企业的食品安全事故。《中华人民共和国食品安全法》第七章第一百零三条规定：发生食品安全事故的单位应当立即采取措施，防止事故扩大；事故单位和接收病人进行治疗的单位应当及时向事故发生地县级人民政府食品安全监督管理、卫生行政部门报告。县级以上人民政府农业行政等部门在日常监督管理中发现食品安全事故或者接到事故举报，应当立即向同级食品安全监督管理部门通报。发生食品安全事故，接到报告的县级人民政府食品安全监督管理部门应当按照应急预案的规定向本级人民政府和上级人民政府食品安全监督管理部门报告。县级人民政府和上级人民政府食品安全监督管理部门应当按照应急预案的规定上报。任何单位和个人不得对食品安全事故隐瞒、谎报、缓报，不得隐匿、伪造、毁灭有关证据。

六、 粮食及其制品消费常识问答

1. 如何选购小麦粉？

小麦粉是由小麦加工而来的面粉。优质面粉具有小麦香味，水分含量低、干燥、不易结块（团）；劣质面粉水分含量高、易发霉、易结块（团）、有酸败味。

在选购小麦粉时，建议根据实际用途需要选择相应品种的面粉。例如制作面条、馒头、饺子等要选择面筋含量较高、有一定延展性、色泽好的面粉；制作糕点、饼干及烫面制品则选用面筋含量较低的面粉。

另外从营养的角度考虑，尽量避免选择加工精度过细的小麦粉。这是因为小麦籽粒的营养物质主要集中在麸皮的糊粉层（富含膳食纤维、矿物质、维生素、酚类物质等），小麦粉加工精度越高，营养物质损失越大。所以建议在选择面粉时，优选全麦面粉、标准粉，不能只考虑口感，一味追求麦芯粉、特级粉，要预防细粮摄入过多导致慢性疾病发生。

2. 小麦粉及其制品是否越白越好？

小麦粉的加工精度越细，其色泽越白。以精白面粉为原料制作的食品，口感虽好，但营养价值不及加工精度低的小麦粉。这是因为小麦籽粒从外向里依次为皮层、糊粉层、麦胚和胚乳四部分，不同部位营养成分差别很大。其中最外层的皮层主要由纤维素和半纤维素组成；与种皮紧密连接的糊粉层是整粒小麦籽营养物质的精华所在，富含膳食纤维、蛋白质、维生素、矿物质、酚类化合物、植物甾醇和植物雌激素等生物活性物质，被誉为小麦中的"软黄金"；麦胚是麦粒发芽的地方，不仅含有丰富的 B 族维生素和维生素 E，而且还有脂肪、蛋白质、碳水化合物和矿物质；胚乳是麦粒的中心部分，主要成分是淀粉、蛋白质和少量纤维。因此，采用完整籽粒加工而制成的全麦粉营养价值比较高。过度加工的小麦粉，由于种皮层和糊粉层部分或全部被去除，虽然白度增加，色泽更易被消费者接受，但膳食纤维、B 族维生素和矿物质等营养物质损失严重，营养价值大大降低。因此，在日常饮食中，要避免长期食用加工过于精细的精白面粉，以免造成人体膳食纤维摄入不足、维生素和矿物质缺乏的情况。

3. 石磨面粉比普通面粉更有营养吗？

在追求天然健康的消费理念引导下，石磨面粉受到追捧。然而石磨面粉与现代化工厂生产的面粉相比，在营养上并没有突出的优势。目前普遍认为石磨面粉更有营养主要是因为石磨温度低（45℃左右），对营养物质破坏小。但研究证实现代化制粉车间磨粉机磨辊温度基本为 30～39℃，最高温度段只有 50～60℃，而面粉刚刚被磨辊研磨后的温度为 28～33℃。因此普通面粉生产中通过控制进料量、研磨量来降温，可减少营养素损失和破坏，与石磨粉没有太大区别。并且经过检测，不同厂家石磨面粉中钾、钠、锌、钙、磷、铁、维生素 E、维生素 B_1、维生素 B_2 等元素与现代工厂生产的面粉相比，含量或低或高，整体上无太大差异。

4. 如何选购全谷物食品？

增加全谷物的摄入量有助于降低多种慢性病的发生率。随着全谷物食品的快速发展与消费者健康饮食意识的增强，我国市场上的全谷物产品品牌和数量逐年增加，但受产品标准匮乏的制约，全谷物食品质量参差不齐。

美国农业部（USDA）网站指出，在选购全谷物食品时，可根据食品成分表选购，全谷物食品成分表中含"纯燕麦""全麦"的字样，而非全谷物食品常写有"混合谷物"等字样；全谷物食品中膳食纤维的含量可作为重要的依据；尽量选择没有添加外源性糖分的全谷物食品。

依据我国现行的食品安全国家标准《预包装食品标签通则》规定，食品配料表是按照加入量依次递减的顺序排列的。因此在选择全谷物食品时，要注意配料中组分的排列。以全麦面包为例，作为主要成分的全麦粉应排在配料表第一位或尽量靠前的位置。对于含有小麦粉（或面粉）和麸皮的食品，配料表中麸皮的排名先后决定了全麦面包中的膳食纤维含量高低。应选择添加剂少的全谷物食品，以尽量降低食品添加剂的摄入。

5. 如何选购大米？

大米的品质主要是由品种决定的，优质大米质地柔韧、香润、有弹性。大米一般可分为粳米、籼米和糯米。就黏性来说，糯米的黏性最强，籼米最弱，粳米居中。粳米口感适中、弹性适度，适合做米饭。北方的米多为粳米，而南方的米则多为籼米。从外形来看，粳米体型短粗，做出的饭弹性好；而籼米则体型细长，做出来的饭弹性稍差。

大米的新陈度也是影响大米口感的重要因素。新鲜大米净白透亮，颗粒均匀整齐，粒面光滑有光泽，新米白点多，尖端胚芽部呈现乳白色，腹白浅黄色，很少有黄粒米；陈米及劣质米一般色泽发黄，粒面无光泽，有糠粉，陈米胚芽部呈黄褐色甚至是黑褐色，腹白呈深黄色，整体偏黄色，碎米多，粒面小裂纹较多，大米储藏不当导致陈化后，会有黄粒米产生。

挑选散装大米时可取少量米粒用手摩擦发热，立即闻其气味。新鲜大米有正常清香味，无异味；陈米无清香味，或有糠粉味；劣质大米有轻微霉味。霉味较大的大米可能含有黄曲霉毒素，不能食用。也可通过手感挑选散装大米。新鲜大米手感光滑，手插入米袋后拿出不挂粉；劣质大米则手感发滞，手插入米袋后拿出会残留糠粉。还可以取几粒大米放入口中细嚼，新鲜大米比较硬，有轻微甜味；陈米或劣质米易碎，可能有霉味等异味。

6. 如何选购黑米？

黑米是黑稻加工的产品，呈黑色或黑褐色，素有"黑珍珠"和"世界米中之王"的美誉。在选购黑米时，可通过色泽和外观、气味、味道来判断黑米质量的优劣。品质较好的黑米光泽感强、颗粒均匀饱满、碎米少、无杂质、无虫，有米香味，入口咀嚼味佳、微甜，无异味；品质不佳的黑米色泽发暗、颗粒不均匀、饱满度差、碎米多、易结块、有虫，有酸臭味、腐败味等不良气味，无甜味，且伴有酸味、苦味等不良滋味。为了判断黑米的真假，在选购时还可以将米粒外的皮层刮掉或者将米粒从中间断开，观察米粒内部是否为白色。因为黑米的黑色主要集中在皮层，胚乳仍为白色；如不是白色，有可能是人为染色黑米。

7. 传言中的人造米对人体有危害是真的吗？

人造米是指以大米等淀粉类物料为主要原料，通过人工造粒、糊化、干燥加工而成的与天然大米相似的米制品。实际生产中，可以根据不同人群对营养物质的需求，对人造米进行氨基酸、维生素、无机盐及其功能物质的强化，最终加工成方便食品、儿童食品、医疗保健食品、旅游食品等。

目前，人造米主要采用冷加工和热挤压成型技术生产。冷加工技术需要将大米粉与营养素等进行混合，再经过制粒、涂膜、硬化及干燥等工艺。热挤压成型一般是通过螺杆挤压机使人造米中的淀粉发生预糊化，无需涂膜处理。这两种方式生产人造大米均是科学的。由于人造米中营养强化剂、黏结剂等物料的选择必须符合我国有关的营养强化方面的法规和标准，因此，符合相关食品生产要求的人造米不存在危害人体健康的问题。

8. 什么是无麸质食品，主要适宜哪些人群？

麸质又被叫作面筋，作为一种主要的食品过敏原，主要存在于小麦、大麦等谷物中，是国际上最早引起关注和研究的食品过敏原（闫丛阳，2019）。无麸质食品，是指用不含麸质的纯天然原料按照相关操作流程和食品规范生产的食品，生活中常见的天然无麸质食品有大米、马铃薯、玉米、荞麦等。无麸质食品主要用于治疗乳糜泻与麸质过敏患者。因为麸质过敏人群摄入含有麸质的食物后引起的慢性小肠吸收不良综合征，会导致多种疾病。目前医学研究表明，防治麸质过敏最快速有效的方法就是降低患者饮食中的麸质水平，最为便捷的方式就是选择无麸质食品。

9. 燕麦片和麦片是一回事吗？

燕麦片呈扁平状，由燕麦籽粒压片制成。根据原料或加工工艺，颗粒大小有所差别。燕麦片经过水煮后，具有较高的黏稠度，这与蒸煮过程中燕麦 β-葡聚糖的溶出有关。该成分具有突出的降血脂、降血糖、增加饱腹感的功能。

麦片由小麦、大米、玉米等多种谷物混合而成，其中含有少量燕麦或者不含燕麦。国内外麦片产品有一定的区别，国外麦片添加的果干、豆类等较多；国内麦片中多加入麦芽糊精、砂糖、奶精（植脂末）和香精辅料，经粉碎、打浆、熟化、压片、滚筒干燥、粉碎成片等工艺制成的即食可冲调性定型包装食品。

10. "三高"病人如何选择粮食制品？

"三高"病人可以选择多吃全谷物食品和五谷粗粮。例如燕麦片和青稞，富含膳食纤维，能够有效地降低人体中的胆固醇和血脂，尤其是对心脑血管疾病具有一定的预防作用，同时可以起到降血糖和减肥的作用；玉米属于低脂低热食品，富含人体所需的不饱和脂肪酸和粗纤维、钙、磷、镁、铁、硒等矿物元素、维生素 A、维生素 B_1、维生素 B_2、维生素 B_6、维生素 E 和胡萝卜素等；黑苦荞又称"五谷之王"，含有丰富的黄酮类物质，黑苦荞粉及其制品具有抑制脂肪再生、调节血脂、降低血压、平衡血糖、增强人体免疫力的作用，对糖尿病、高血压、高血脂等病症都有明显的辅助治疗作用。

11. 老年人在选择粮食制品时应注意哪些问题？

近些年，粮食加工随着人们物质生活需求的提升逐渐精细化。精制米面质地细腻、色泽白净、口感较好，但在精细化加工过程中，存在于米面的皮层和谷胚中的 B 族维生素、可溶性膳食纤维、矿物质等营养素均损失较多。长期食用精制米面，会导致 B 族维生素和膳食纤维摄入不足。因此，老年人在选择和制作谷类食物时要多样化，每日应选择 2～3 个品种的谷类食品，注意粗细搭配，多选择粗杂粮，保证营养均衡。另外老年人的肠胃功能减弱，应选择有助于咀嚼和消化的粮食加工制品。

12. 适合儿童消费的粮食制品有什么特点？

孩子生长发育迅速，代谢旺盛，所需的能量和营养要比成人多，应多考虑富含能量以及蛋白质、维生素的粮食制品。孩子应该以谷类食物为主体，提供充足的能量，并注意杂粮的摄入。多吃粗制面粉、大米、玉米、红薯、燕麦以及杂豆类（红豆、绿豆等），少吃高脂食品如炸土豆片等，少吃高糖和高油的风味小吃。

13. 适合孕妇消费的粮食制品有什么特点?

孕妇应掌握良好的营养原则，确保热能的供应和营养素的均衡摄入，粮食制品应多选择富含叶酸、矿物质及维生素的制品，有粗有细，注重选糙米、杂粮、粗面、燕麦片等，有利于提高蛋白质的营养价值，提供多种矿物质和维生素使孕妇获得更加全面的营养。同时应注意摄入充足的热量，确保热能的供给。豆制品是植物蛋白的主要来源，以豆腐、豆浆为最好，蛋白质的利用率也高，应该经常选用。由于孕吐反应，孕妇在孕初期可选择容易消化的食物，少食多餐，保持每日 300～400 克主食的量，可选择易消化的烤面包片、烤馒头片、饼干、粥等。到了孕中期和晚期，妊娠反应减轻，食欲增加，可每日在基础摄入量上，再增加100 克的主食摄入量。

14. 脑力劳动者如何选择粮食制品?

脑力劳动者工作压力大、用脑较多，但体力消耗不大，对热量的需求量相对不高，因此，不宜摄入过多的碳水化合物和脂肪。脑力劳动者在日常饮食中，应注意补充脑组织活动的能源物质，例如构成脑细胞的磷脂或不饱和脂肪酸以及参与调节脑细胞兴奋或抑制的蛋白质、维生素 A 和微量元素等。除了米饭、馒头、面条等日常主食外，建议多食用燕麦片、豆制品等。对活动量较少的，尤其是中年以后的脑力劳动者，要在保证摄入足够的优质蛋白质和维生素的前提下，尽量减少高糖、高油食物的摄入，增加蔬菜、水果的摄入量，科学安排一日三餐。

15. 体力劳动者如何选择粮食制品?

体力劳动者能量消耗大,需氧量高,代谢旺盛。一般中等强度的体力劳动者每天需要消耗 12 558~14 651 千焦热量,而重体力劳动者每天消耗热量达到 15 070~16 744 千焦,比脑力劳动者消耗的热量高出 4 186~6 279 千焦。此外,某些体力劳动者还面临有害的环境的威胁,如暴露于化学有毒有害物、粉尘及其高温、高湿环境中。通过合理膳食,这些威胁能在一定程度上得到减轻或消除。

对于体力劳动者,要满足热量的供给,需要增加主食的摄入量。通过粗粮细粮合理搭配、花样种类翻新来增加食欲,满足机体对热量的需求。此外,建议体力劳动者多食用富含蛋白质的粮食制品。因为蛋白除了可以满足机体的营养需求外,某些蛋白质被人体消化吸收后,还能增强机体的免疫力。从事高温作业的人群容易缺乏维生素 C、B 族维生素以及氯、钠等,要保证充足的维生素和微量元素供给,建议多食用全谷物类的粮食制品。

16. 常见粮食及其制品在家庭中应如何保存?

家庭储存的粮食及其制品应放在阴凉、通风、干燥处,避免高温、光照。要保证周围环境以及装粮食容器的洁净,离墙离地,避免粮食及其制品受到污染。同时要定期清洁,防止霉变以及减少虫鼠的滋生与繁殖。

以大米为例。用容器(米桶或米缸)装米时,在装米前,先用纸点火烘干、消毒容器;大米买回后,装进米桶或米缸把盖盖好,放在离地面一尺高的干燥、通风之处;食用时先吃先买的米,后吃后买的米,防止霉变鼠虫污染;另外要经常曝晒盛米的空米桶和空米缸,清除缸内的糠粉、虫卵等。梅雨和盛夏季节,为防止受潮霉变生虫,可在盛米容器内放几片螃蟹壳或甲鱼壳或大蒜头。如米已生虫应先清除米虫，然后将花椒和茴香用纱布包好放在大米表面，米缸（桶）不要马上密盖。

17. 家庭储藏杂粮应注意哪些问题?

杂粮储藏应注意防止发生酸败、霉变和生虫。发生酸败的杂粮会产生哈喇味，表明其脂肪发生氧化变质；发生霉变的杂粮可能受到黄曲霉毒素的污染，具有很强的毒性。食用发生酸败和霉变的杂粮会对人体健康产生危害；而生虫的杂粮虽不会危及健康，但可能会引起杂粮口感的劣化。

家庭中存放杂粮时应该遵循低温、干燥、避光的原则。存放温度过高，会加速杂粮酸败，还会加速虫卵的孵化和细菌的生长繁殖。杂粮在潮湿的环境中易发生霉变。对于临时储藏的杂粮，放置在阴凉、干燥和通风的地方即可，并注意密封。同时，可在杂粮附近放置干燥剂以吸收多余的水分。在杂粮中放入几粒花椒可起到驱虫的效果。对于较长时间储藏的杂粮，建议将其放置于冰箱的冷藏室。

参 考 文 献

邓丹雯，郑功源，陈红兵，2000. 不同米粉加工技术比较研究 ［J］. 西部
　　粮油科技，25（3）：28 - 30

扶雄，黄强，罗发兴，等，2007. 交联和羟丙基改性对玉米淀粉糊稳定性
　　的影响 ［J］. 华南理工大学学报（自然科学版），35（11）：91 - 94.

韩雪，郭祯祥，2016. 超微粉碎技术在谷物加工中的应用 ［J］. 粮食与饲
　　料工业，3：13 - 16.

李爱江，陈冉，2010. 玉米变性淀粉的研究进展 ［J］. 粮油加工，10：86 - 88.

李保定，2005. 殷商时期的农作物——"五谷" ［J］. 中国教育导刊，1：
　　27 - 28.

李里特，成明华，2000. 米粉的生产与研究现状 ［J］. 食品与机械，3：10 - 12.

李晶波，2012. 浅谈稻谷在储藏过程中发热的预防及处理 ［J］. 农村实用
　　科技信息，5：27 - 27.

蔺艳君，2016. 复合酶处理对全麦馒头品质的改良作用 ［D］. 北京：中国
　　农业科学院.

孙丽娟，韩国，胡贤巧，等，2016. 我国主要粮食产品质量标准问题分析
　　［J］. 农产品质量与安全，2：38 - 44.

唐瑞明，徐广超，2012. 我国粮食质量安全问题对策的探讨 ［J］. 粮食问
　　题研究，2：12 - 16.

闫丛阳，2019. 小麦麸质蛋白相关性疾病的研究进展 ［J］. 现代面粉工业，
　　3：56 - 56.

杨慧莲，王海南，韩旭东，等，2017. 我国玉米种植区域比较优势及空间
　　分布——基于全国 18 省 1996—2015 年数据测算 ［J］. 农业现代化研究，
　　6：921 - 929.

袁隆平，2015. 发展超级杂交水稻　保障国家粮食安全 [J]. 杂交水稻，
　　3：1-2.

周素梅，刘兴训，2015. 2015 年全国粮食加工与制造行业运行分析 [J/OL].
　　http：//news. wugu. com. cn/article/727363. html.

图书在版编目（CIP）数据

粮食加工及其制品知识问答／佟立涛，刘丽娅主编
. —北京：中国农业出版社，2021.4
ISBN 978-7-109-28025-0

Ⅰ.①粮…　Ⅱ.①佟…②刘…　Ⅲ.①粮食加工—问
题解答　Ⅳ.①TS210.4-44

中国版本图书馆 CIP 数据核字（2021）第 044616 号

粮食加工及其制品知识问答
LIANGSHI JIAGONG JIQI ZHIPIN ZHISHI WENDA

中国农业出版社出版
地址：北京市朝阳区麦子店街 18 号楼
邮编：100125
责任编辑：吴洪钟　林维潘
版式设计：杜　然　责任校对：吴丽婷
印刷：中农印务有限公司
版次：2021 年 4 月第 1 版
印次：2021 年 4 月北京第 1 次印刷
发行：新华书店北京发行所
开本：880mm×1230mm　1/32
印张：3.25
字数：80 千字
定价：20.00 元